PETIT TRAITÉ

ÉLÉMENTAIRE

DE GÉOMÉTRIE,

SUIVI

DE LA MANIÈRE DE LEVER LES PLANS, MESURER LES SOLIDES, ETC.

OUVRAGE DESTINÉ

AUX ÉLÈVES DES ÉCOLES PRIMAIRES, AUX PROPRIÉTAIRES
ET FERMIERS, ETC.

PAR

DAUBARD BENOIT FILS,

GÉOMÈTRE, A BEZANCEUIL (SAONE-ET-LOIRE).

LONS-LE-SAUNIER,

IMPRIMERIE ET LITHOGRAPHIE DE A. ROBERT.

1853.

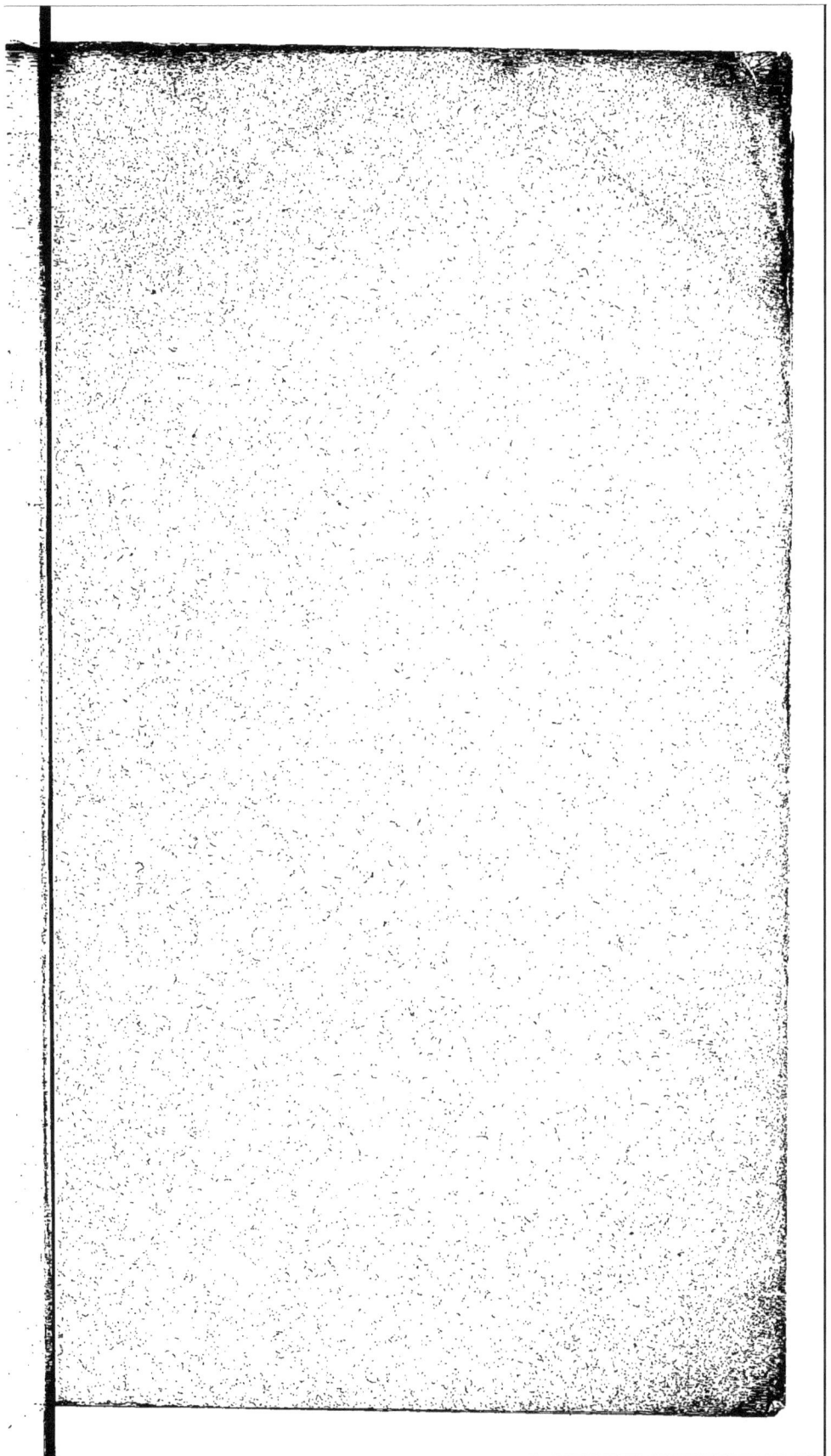

V

PETIT TRAITÉ

ÉLÉMENTAIRE

DE GÉOMÉTRIE.

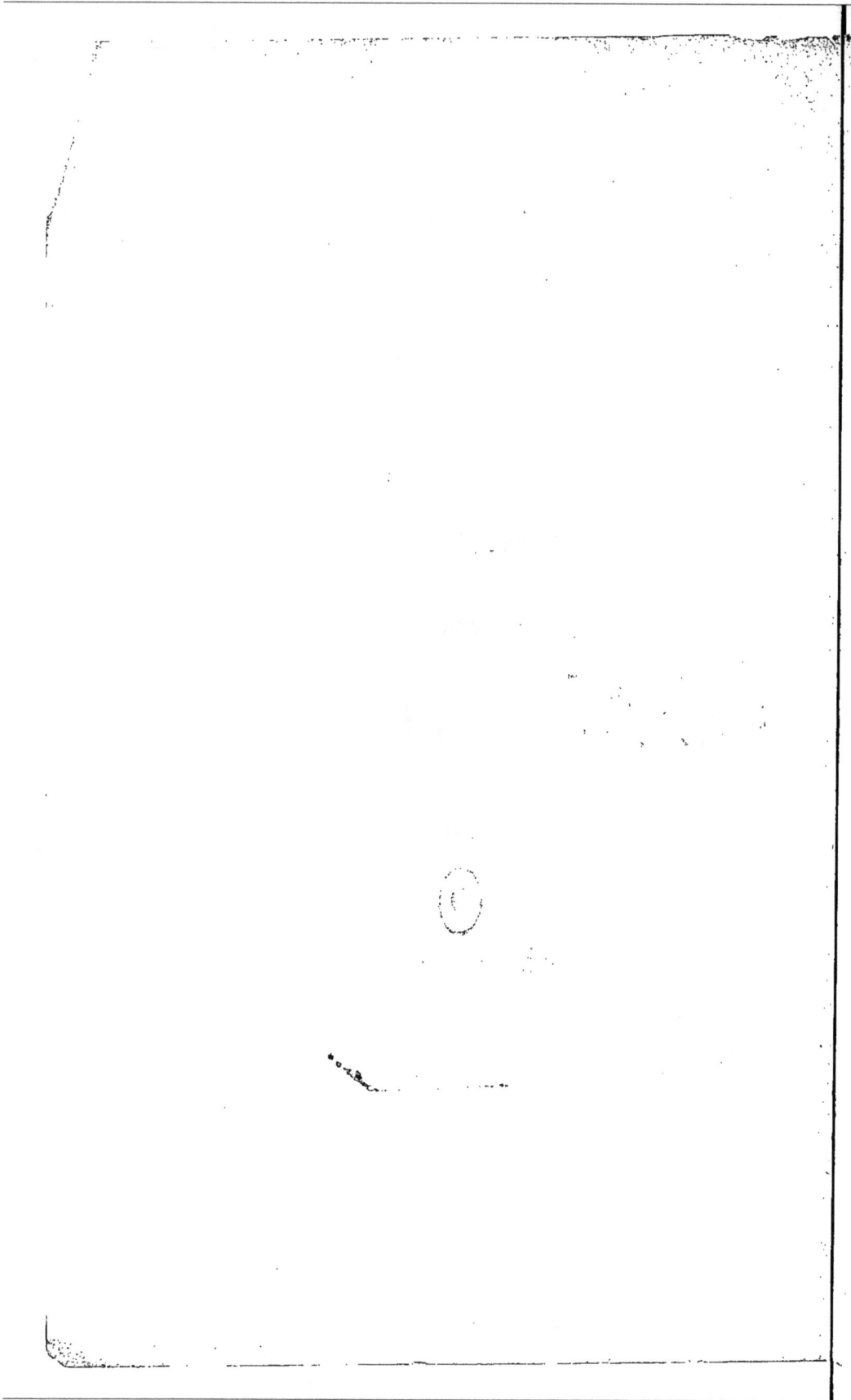

PETIT TRAITÉ

ÉLÉMENTAIRE

DE GÉOMÉTRIE,

suivi

DE LA MANIÈRE DE LEVER LES PLANS, MESURER LES SOLIDES, ETC.

OUVRAGE DESTINÉ

AUX ÉLÈVES DES ÉCOLES PRIMAIRES, AUX PROPIÉTAIRES
ET FERMIERS, ETC.

PAR

DAUBARD, BENOIT FILS,

GÉOMÈTRE, A REZANCEUIL (SAONE-ET-LOIRE).

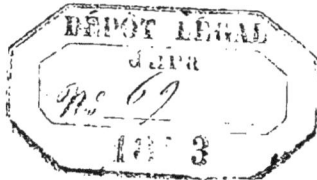

LONS-LE-SAUNIER,

IMPRIMERIE ET LITHOGRAPHIE DE A. ROBERT.

—

1853.

EXPLICATION

———————

Le signe $+$ signifie *plus*.

—   — signifie *moins*.

— $=$ signifie *égal à*.

— $\times$ signifie *multiplié par*.

— x signifie *terme inconnu*.

—   : signifie *est à*.

—   :: signifie *comme*.

—   45/9 signifie *45 divisé par 9*.

Toutes les fois qu'un trait est placé entre deux nombres il signifie que le nombre supérieur doit être divisé par le nombre inférieur.

Les numéros placés entre deux parenthèses indiquent à quel numéro de ce livre on doit recourir pour connaître le principe énoncé.

AVIS DE L'AUTEUR

Depuis longtemps déjà chacun désire faire pénétrer cette science, utile entre toutes, dans nos écoles primaires et communales; mais comme tous les ouvrages spéciaux se trouvent trop compliqués et ne contiennent que des procédés assez difficiles — puisque l'on emploie divers instruments dont l'étude demande une pratique opiniâtre ; — comme, en outre, les enfants de la campagne n'ont que très-peu de temps à donner à l'étude de cette science qu'il leur importe tant d'apprendre, attendu qu'elle enseigne aux cultivateurs la manière de mesurer leurs champs et d'en fixer les limites, la tentative n'a pu être que stérile.

Nous croyons venir à leur aide en mettant à leur disposition ce petit ouvrage qui contient toutes les règles importantes à connaître et les moyens scientifiques, utiles à chaque propriétaire, résumés avec toute la clarté que nous avons pu mettre en semblable matière.

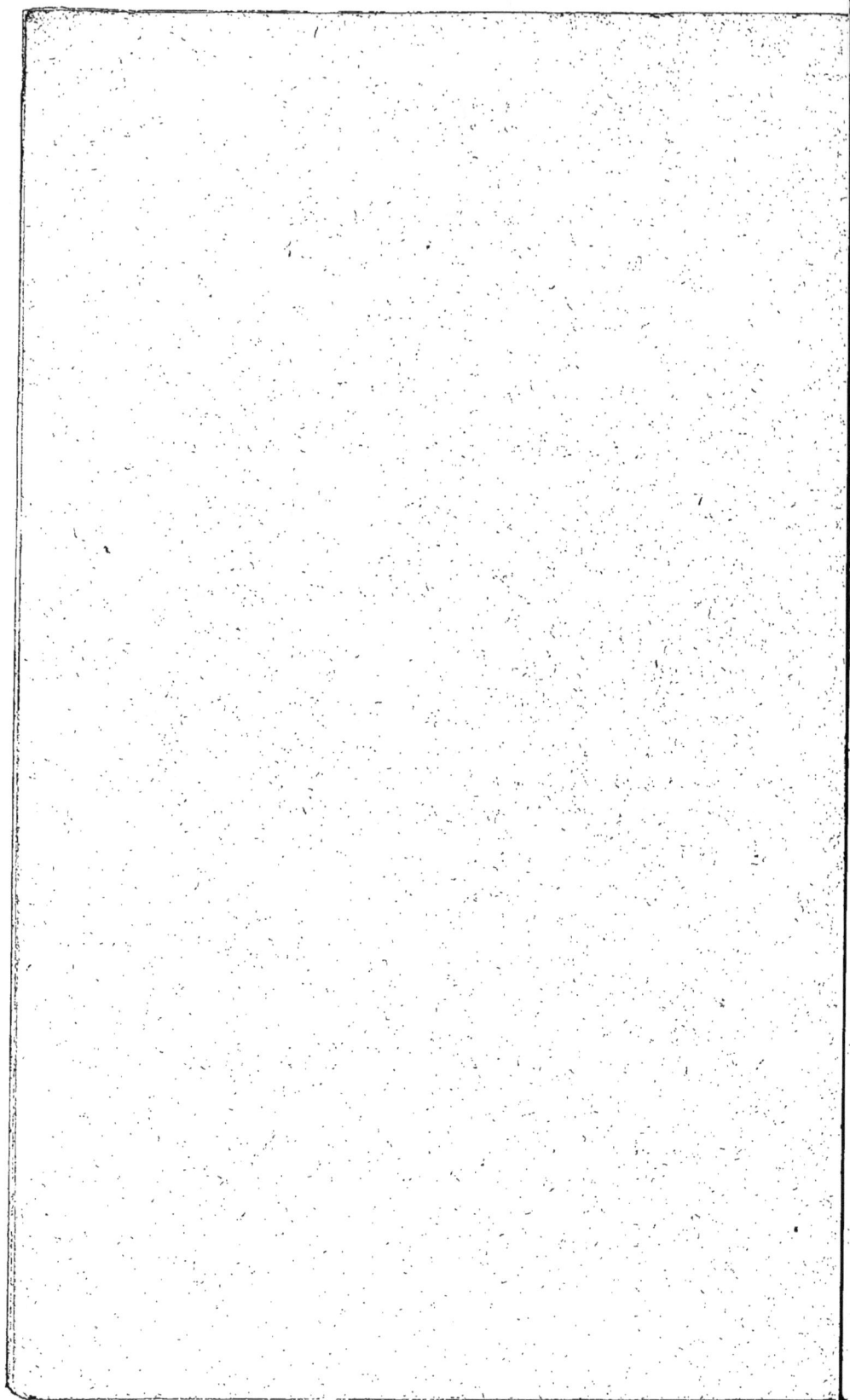

TRAITÉ ÉLÉMENTAIRE
DE GÉOMÉTRIE.

PREMIERS PRINCIPES DE LA GÉOMÉTRIE.

1º La Géométrie est une science qui a pour objet la mesure de l'étendue. L'étendue, ou l'espace, est illimité. L'espace renferme trois dimensions : *longueur, largeur* et *hauteur.*

La hauteur comprend la hauteur proprement dite, l'épaisseur et la profondeur. Ainsi l'on dit : la hauteur d'une tour, l'épaisseur d'une voûte, la profondeur d'un fossé, d'un puits, etc.

2º L'ensemble de ces trois dimensions s'appelle *corps* ou *solide.*

3º On a donné le nom de *surface* ou *superficie* à ce qui réunit seulement la longueur et la largeur.

4º La ligne ne prend, des trois dimensions, que la longueur. On appelle ligne la trace produite par le mouvement d'un point à un autre : ainsi, la trace produite par le mouvement du point A au point B forme la ligne A B. (Fig. 1ʳᵉ.)

5º Le point n'a aucune des trois dimensions précitées ; ou, en d'autres termes, le point est l'endroit abstrait où une ligne en coupe une autre. Les extrémités d'une ligne s'appellent *points.*

6° La ligne droite est la plus courte distance d'un point à un autre : ainsi, la ligne A B est la plus courte distance qu'on puisse tracer du point A au point B. (Fig. 1re.)

7° La ligne brisée est une ligne formée de plusieurs lignes droites n'allant pas dans la même direction. (Voyez la ligne CDEFG. Fig. 2.)

8° La ligne courbe n'est ni droite ni formée de lignes droites ; voyez ligne ABC (fig. 3.)

La seule ligne courbe que l'on considère en géométrie est la circonférence, (fig. 4.)

9° La circonférence se divise en 400 parties égales nommées degrés ; chaque degré se divise en 100 parties égales qui se nomment *minutes*; chaque minute se divise à son tour en 100 parties égales qu'on appelle *secondes*. Ces divisions sont faites d'après le système métrique. Toutefois on a conservé, comme plus commode, la division ancienne de toute circonférence, grande ou petite, en 360 *degrés* qui se divisent en 60 *minutes*, lesquelles se divisent en 60 *secondes*.

Le diamètre n'est autre chose qu'une ligne droite tirée d'un point de la circonférence à l'autre en passant par le centre ; voyez la ligne A B (fig. 4.) Le diamètre partage la circonférence en deux parties égales qui se nomment demi-circonférences ; chacune de ces deux portions contient 180 degrés ; et si une demi-circonférence est partagée elle-même en deux parties égales, chaque partie vaudra un quart de circonférence, soit 90 degrés.

10° L'espace compris dans la circonférence se

nomme *cercle*, et celui compris entre une demi-circonférence et son diamètre se nomme *demi-cercle*.

Le point C (fig. 4) est le centre du cercle. Toutes les lignes tirées de ce point (le centre) à la circonférence sont égales en longueur et se nomment *rayons*.

On appelle rayon une ligne droite allant d'un point de la circonférence au centre, comme la ligne C D.

11° On appelle *arc* une partie quelconque de la circonférence; la partie BFE est un arc, ainsi que toute autre partie de la circonférence.

On appelle *corde* une ligne droite qui relie les deux extrémités d'un *arc*; la ligne E B (fig. 4) est une *corde*.

L'espace compris entre une corde et son arc s'appelle *segment*; ainsi, la partie comprise entre l'arc R F E et la corde B E, est un segment (fig. 4).

L'espace compris entre deux rayons et un arc est un *secteur*; voyez (fig. 4) la partie comprise entre les rayons BC et EC de l'arc BFE ainsi que celle comprise entre les rayons AC et DC de l'arc AD (même fig.)

12° On appelle *angle rectiligne* l'ouverture de deux lignes droites, AB, AC (fig. 5) qui se rencontrent en un point A qui se nomme *sommet*; les deux lignes AB, AC en sont les *côtés*.

13° Tout angle doit s'indiquer par trois lettres dont celle du milieu marque le sommet; toutefois, lorsqu'il est isolé, on le désigne ordinairement par une seule lettre. Exemple: pour indiquer les angles supérieurs de la fig. 4, il faut dire: l'angle

B D C, pour celui qui est à droite, et l'angle D C A pour celui qui est à gauche. Pour indiquer l'angle de la fig. 5, il suffit de dire l'angle A.

14° Il est évident que la grandeur d'un angle ne dépend point de la longueur de ses côtés, mais du plus ou moins d'écartement de ces mêmes côtés. L'angle D C B est plus grand que l'angle A C D (fig. 4) parce que les lignes BC et D C sont plus écartées entre elles que ne le sont les lignes A C et D C.

On pourrait prolonger et raccourcir à volonté les lignes qui forment un angle, sans que cet angle changeât de valeur.

15° On appelle *perpendiculaire* une ligne droite qui, en tombant sur une autre ligne droite, forme avec elle deux angles égaux qu'on nomme angles droits (fig. 6). La ligne DC est dite *perpendiculaire* à la ligne A B, et la ligne EC lui est dite *oblique*.

16° Tous les angles droits sont égaux entre eux; l'angle droit est invariable. On a, d'après cela, divisé les angles en trois espèces: 1° l'angle droit qui est l'unité (fig. 7) vaut 90 degrés; 2° l'angle *aigu* qui est plus petit que l'angle *droit* (fig. 5) vaut moins de 90 degrés; 3° l'angle *obtus* qui est plus grand que l'angle droit (fig. 8) vaut plus de 90 degrés. Un angle est plus ou moins *obtus*, ou *aigu*, selon qu'il s'approche ou s'écarte de l'angle droit.

17° Tout angle est considéré comme ayant le sommet au centre d'un cercle, et a pour mesure le nombre de degrés et de parties de degrés de l'*arc* compris entre ses côtés.

18º On appelle *complément* d'un angle ce qui manque à un angle aigu pour qu'il vaille un angle droit ; ainsi l'angle DCE est complément de l'angle BCB (fig. 6) et réciproquement.

19º On appelle *supplément* d'un arc ce qui manque à cet arc pour qu'il vaille une demi-circonférence ; ainsi l'arc DA est supplément de l'arc DB (fig. 4) et réciproquement.

20º Deux lignes sont parallèles entre elles, lorsqu'elles sont également éloignées l'une de l'autre dans toute leur longueur : telles sont les lignes AB et CD (fig. 9) qui ne peuvent jamais se rencontrer à quelque distance qu'on les prolonge. Cette dénomination convient également aux lignes courbes. Les deux circonférences de la fig. 10, qui ont leur centre commun en C, sont parallèles entre elles ; elles sont appelées concentriques.

DES FIGURES.

21º Une *figure* est l'espace terminé de tous les côtés par des lignes (fig. 11). Un *polygone* est une figure terminée par des lignes droites (fig. 12) ; il ne faut pas moins de trois lignes, car deux lignes droites ne renfermeraient jamais un espace ; mais il peut y en avoir un nombre infini. Il n'est donc pas possible d'assigner un nom particulier à chacun : de là le nom de *polygones*.

22º Il y a cependant des polygones qui ont leur nom particulier. Tels sont le *quadrilatère*, polygone à quatre côtés ; le *pentagone*, à cinq côtés ; l'*hexa-*

gone, à six côtés ; l'*heptagone*, à sept côtés ; l'*octogone*, à huit côtés ; l'*ennéagone*, *à neuf* côtés ; le *décagone*, à dix côtés ; l'*endécagone*, à onze côtés ; le *dodécagone*, à douze côtés ; et le *pentédécagone* à 15 côtés.

Les figures sont en général *régulières* ou *irrégulières*, *semblables* ou *dissemblables*.

23° Une figure *régulière* est celle qui a tous les côtés et les angles égaux (fig. 13).

Une figure *irrégulière* est celle qui n'a pas ses côtés et ses angles égaux (fig. 14).

24° Les figures *semblables* sont celles dont les angles sont égaux, chacun à chacun, et les côtés proportionnels (fig. 15 et 16).

Les *dissemblables* sont celles qui ne réunissent point ces conditions.

DES TRIANGLES RECTILIGNES.

25° Le triangle est un espace enfermé par trois lignes droites (fig. 17). C'est le plus simple des polygones ; il est la base du calcul des surfaces.

Les triangles tirent leurs noms ou de leurs angles ou de leurs côtés.

Ceux qui tirent leurs noms relativement de leurs angles sont :

1° Le triangle rectangle, c'est-à-dire le triangle à angle droit (16), (fig. 18).

2° Le triangle obtusangle, celui qui a un angle obtus (16) (fig. 19).

3° Le triangle acutangle, celui qui a tous ses angles aigus (fig. 20).

Les triangles qui tirent leurs noms de leurs côtés sont :

1º Le triangle équilatéral, celui dont tous les côtés sont égaux (fig. 17).

2º Le triangle isocèle, celui qui a seulement deux côtés égaux (fig. 21).

3º Le triangle scalène, celui dont les trois côtés sont inégaux (fig. 22).

Dans tout triangle rectiligne, il ne peut y avoir qu'un seul angle droit (16), et à plus forte raison un seul angle obtus (16) ; mais il peut y avoir trois angles aigus (16).

Dans un triangle rectiligne, la somme de ses trois angles vaut toujours deux droits ou 180 degrés.

Dans un triangle, le plus grand côté est toujours opposé au plus grand angle. Lorsque deux côtés sont égaux dans un triangle, les angles opposés le sont également; et si les trois angles sont égaux, les trois côtés le sont aussi.

26º Deux lignes droites qui se coupent forment quatre angles qui valent, pris ensemble, une circonférence ou 360 degrés ; et les angles opposés à leurs sommets sont égaux (fig. 23). L'angle AEC est égal à l'angle BED, et l'angle AED est égal à l'angle CEB.

DES PARALLÉLOGRAMMES.

27º On appelle *parallélogramme* un quadrilatère dont les côtés sont parallèles, deux à deux. Dans un parallélogramme, les côtés opposés sont égaux ainsi que les angles (fig. 24).

On appelle *parallélogramme rectangle* celui qui a les quatre angles droits (16) (fig. 25).

Un carré est un parallélogramme, dont les quatre côtés sont égaux et les angles droits (fig. 26).

On appelle *losange* un parallélogramme dont les quatre côtés sont égaux, sans que les angles soient droits (fig. 27).

28° Un *trapèze* est un quadrilatère dont deux côtés seulement sont parallèles (fig. 28).

29° Dans tout quadrilatère, la somme des quatre angles a la même mesure qu'une circonférence, c'est-à-dire 360 degrés.

30° Dans tous polygones qui ont le même nombre de côtés, la somme de leurs angles est égale entre eux, et vaut autant de fois 180 degrés qu'il y a de côtés moins deux dans le polygone, puisqu'on peut former autant de triangles dans un polygone qu'il y a de côtés moins deux, et que la valeur des trois angles d'un triangle est égale à 180 degrés.

31° On appelle *diagonale* une ligne droite qui va (dans un polygone) d'un angle à l'angle opposé. Une diagonale, tirée dans un parallélogramme, le partage toujours en deux parties égales. (Voir les fig. 24 et 25). Comme en tirant une diagonale dans un parallélogramme, on le partage toujours en deux triangles égaux, on tire la conséquence qu'un triangle quelconque est moitié d'un parallélogramme qui aurait même base et même hauteur que lui.

DE LA MESURE DES SURFACES.

32º Mesurer une *surface*, c'est la comparer à une autre surface fixe et invariable, prise pour unité de surface.

Dans l'arpentage, on a choisi pour unité de surface le carré métrique, dont chaque côté a un décamètre ou dix mètres de longueur, et que l'on nomme *are*. Lorsqu'on mesure des surfaces autres que les terrains, on se sert du mètre carré, du décimètre carré et du centimètre carré, suivant la grandeur des surfaces que l'on veut mesurer.

33º L'*are* est un carré de dix mètres de chaque côté, et, par conséquent, de cent mètres carrés de surface.

34º Les figures de géométrie soumises au calcul, au moyen desquelles on peut mesurer toute espèce de surfaces, sont :

1º Le carré ; 2º le rectangle ; 3º le parallélogramme ; 4º le triangle ; 5º le losange ; 6º le trapèze.

35º Nous allons montrer de quelle manière se trouve la surface de chacune de ces figures.

1º La surface d'un carré est égale à un de ses côtés multiplié par lui-même : ainsi, un carré qui aurait 8 mètres de côté aurait pour surface 8 × 8, soit : 64 mètres carrés (fig. 29).

2º La surface d'un rectangle est égale à sa base multipliée par sa hauteur. Soit le rectangle ABCD (fig. 30), dont la base AB est 10 mètres et la hauteur AD est 6 mètres, on aura la surface par ce calcul : 10 × 6 = 60 mètres carrés.

On appelle base d'une figure le côté sur lequel elle semble être appuyée. La ligne AB de la fig. 30 est dite *base inférieure*, et la ligne DC est dite *base supérieure*. La hauteur d'une figure est la largeur de cette figure ; il faut que cette hauteur soit perpendiculaire (15) à sa base.

On pourrait dire encore que la hauteur d'une figure est la perpendiculaire élevée de la base inférieure à la base supérieure : ainsi la ligne AD ou BC est la hauteur de la fig. 30.

3° La surface d'un parallélogramme est égale à sa base multipliée par sa hauteur. Soit le parallélogramme ABCD (fig. 31), dont la base AB est 8 mètres et la hauteur DE 4 mètres, sa surface sera $8 \times 4 = 32$ mètres carrés.

4° La surface d'un triangle est égale à sa base multipliée par la moitié de sa hauteur. La hauteur d'un triangle est la perpendiculaire (15) abaissée du sommet du triangle sur le côté opposé qui lui sert de base. Soit le triangle ABC (fig. 32) ; la base AC est de 7 mètres et la hauteur DB est de 6 mètres ; sa surface sera égale à 7×3, qui est moitié de la hauteur. Le résultat est $7 \times 3 = 21$ mètres carrés. On peut encore multiplier la base par la hauteur et prendre moitié du produit ; ainsi on aurait $7 \times 6 = 42/2 = 21$ mètres carrés.

5° La surface d'un losange est égale au produit de ses deux diagonales (31) multipliées l'une par l'autre, en divisant le produit par deux. Soit le losange ABCD (fig. 33). La diagonale AC est de 8 mètres et celle BD est de 5 mètres ; la surface du losange sera égale à $8 \times 5 = 40/2 = 20$ mètres carrés.

6° La surface d'un trapèze est égale à la moitié de sa hauteur multipliée par la somme de ses deux bases parallèles (20). Soit le trapèze ABCD (fig. 34). La base AB est de 10 mètres et celle CD est de 6 mètres, sa hauteur ED est de 4 mètres; la surface du trapèze sera égale à 10 plus $6 = 16 \times 4/2 = 32$ mètres carrés.

36° La circonférence d'un cercle est égale à son diamètre multiplié par 3 unités 14 centièmes. Soit le diamètre de la fig. 4, qui est de 6 mètres. Multipliez 6 par 3,14 centièmes, le résultat sera 18 mètres 84 centimètres pour cette circonférence.

57° La surface d'un *cercle* est égale à sa circonférence multipliée par le quart du diamètre ou demi-rayon. Soit un cercle dont la circonférence est de 25 mètres 12 centimètres ; on a le diamètre égal à $25,12/3,14 = 8$; le quart de 8 est de 2 ; donc la surface du cercle est égale à $25,12 \times 2 = 50$ mètres 25 centimètres carrés.

58° La surface d'un *secteur* (11) est égale à l'arc qui lui sert de base multiplié par la moitié d'un de ses côtés. Soit le secteur BCEF (fig. 4); l'arc BFE est de 6 mètres et l'un de ses côtés est de 4 mètres, le résultat est : surface égale $6 \times 4/2 = 12$ mètres carrés.

39° Pour avoir la surface d'un segment (11), il est évident qu'il faut retrancher de celle du secteur la surface du triangle. Ainsi, dans la fig. 4, la surface du segment BEF est égale à celle du secteur BECF, moins la surface du triangle BCE.

40° On appelle *couronne* l'espace compris entre deux circonférences : voir la partie comprise entre la circonférence S et la circonférence B (fig. 10).

Pour avoir la surface d'une couronne, il faut chercher la surface des deux cercles et retrancher la surface du plus petit de celle du plus grand; la différence sera la surface de la couronne. Supposons que la surface du plus grand cercle soit de 24 mètres carrés et que celle du plus petit soit de 14, la surface sera égale à 24—14 = 10 mètres carrés.

41° Un *polygone régulier* (fig. 13) ayant tous ses côtés égaux, et les perpendiculaires (15) abaissés du centre de ce polygone sur les côtés étant égales, doit être considéré comme formé par des triangles égaux qui ont leur sommet au centre ; donc pour avoir la surface d'un polygone régulier, il faut multiplier l'un de ses côtés par la moitié de la perpendiculaire, puis multiplier ce produit par le nombre de côtés. Ainsi le côté AB, ou tout autre, est de 8 mètres, la perpendiculaire IH est de six mètres; sa surface est égale à 8 × 6/2 = 24 mètres carrés, surface du triangle AHB; cette figure contient six triangles égaux, sa surface équivaudra donc à 24 × 6 = 144 mètres carrés.

42° Pour avoir la surface d'un polygone irrégulier, il faut le partager en triangles par des diagonales (31), comme on le voit dans la fig. 14. Ensuite on calcule séparément la surface de chacun de ces triangles; la réunion de toutes leurs sommes forme la surface du polygone.

On obtiendra la surface d'une figure quelconque, en la soumettant par des diagonales aux figures désignées sous le n° 34.

ARPENTAGE.

Manière de lever les plans. — *Descriptions des principaux instruments d'Arpentage.*

43° Les principaux instruments d'Arpentage dont on se sert pour mesurer les lignes et les angles sur le terrain et sur le papier sont : la chaine métrique, la boussole, le graphomètre, la planchette et l'équerre. Ceux dont on se sert pour rapporter les plans sont : le Rapporteur, l'Echelle de proportions, le Compas, la Règle et l'Equerre.

44° La chaine métrique est un décamètre ou dix mètres de longueur.

Elle est divisée 1° en 10 parties égales, dont chaque partie vaut un mètre de longueur; 2° chaque mètre est subdivisé en cinq parties égales dont chaque partie vaut deux décimètres de longueur. Ces divisions sont assemblées par des anneaux en fer ; les mètres sont marqués par des anneaux en cuivre. L'anneau qui marque le milieu du décamètre est double des autres; ou bien il est distingué des anneaux en cuivre par un bout de fil de fer, d'environ 3 centimètres, qui y est suspendu. Cette chaine est terminée, à chaque extrémité, par une poignée de fer, prise sur la longueur du dernier brin de fil de fer, lequel a deux décimètres, y compris la poignée.

45° La *Boussole d'arpenteur* est une boîte de forme carrée (fig. 35) au fond de laquelle est une aiguille aimantée, soutenue dans une position horizontale par la pointe d'un pivot de cuivre ou d'acier. La pointe aimantée de l'aiguille répond à un limbe divisé en 360 parties égales ou degrés; cette pointe étant frottée d'aimant, a la propriété de se diriger constamment vers la partie septentrionale du globe.

Au-dessus de l'aiguille est un verre taillé en rond, destiné à empêcher que l'air ne donne aucun mouvement à l'aiguille.

Quand on transporte la boussole d'un lieu dans un autre, on empêche l'aiguille de balloter au moyen d'un petit ressort A, qui la rend immobile à volonté.

Sur une des faces latérales de la boîte est appliquée une alidade à visière *be*. Il y a plusieurs manières d'adapter l'alidade à la boîte, mais on dirige ordinairement les pinnules du Nord au Sud. La boussole, placée sur un pied, au moyen d'un genou, doit être maintenue dans un plan horizontal.

46° Le *graphomètre* est l'instrument qui sert à mesurer les angles avec le plus de précision. C'est un demi cercle de cuivre A H B (fig, 36) divisé en 180 degrés. La demi-couronne sur laquelle on a marqué les degrés s'appelle le limbe de l'instrument. Le diamètre AB, qui fait corps avec l'instrument se nomme la ligne de foi; le diamètre DE est une règle mobile fixée par un écrou au centre C, et qui peut parcourir toutes les divisions du limbe divisé en 180 degrés.

Ces diamètres sont garnis, à leurs extrémités, de pinnules à travers lesquelles on peut observer les objets. Quelquefois, au lieu de pinnule, chaque diamètre porte une lunette qui sert à observer les objets à de grandes distances. Cet instrument est fixé sur un pied, et, au moyen d'une vis de pression, il peut être incliné dans tous les sens.

Aux extrémités D et E du diamètre mobile, on a fait des divisions qui, selon la manière dont elles correspondent avec celles du limbe, font connaître les parties de degrés de 10 en 10 ou de 5 en 5 minutes, etc.

47° La planchette (fig. 37) est une planche P J rectangulaire, de 8 décimètres de longueur et de 5 décimètres de largeur. Sur cette planche on place une feuille de papier qu'on fixe avec de la colle à bouche; puis, au moyen d'une alidade (fig. 38) garnie de pinnules, on obtient le plan d'une figure sans calculer les angles, seulement en mesurant les longueurs des rayons visuels que l'on dirige à tous les angles de cette figure.

L'alidade est une règle sur laquelle est gravée une échelle de proportions ; par ce moyen on obtient le plan d'une figure, en traçant le long de l'alidade, une ligne au crayon, à toutes les visées qu'on donne. Cet instrument porte sur un pied comme le graphomètre et la boussole.

48° L'équerre d'arpenteur est un octogone (fig.39). Elle a la forme d'un prisme droit à 8 pans égaux.

Quelquefois, cependant, on lui donne la forme ronde d'un cylindre. Faite en cuivre creux, elle a environ un décimètre de hauteur; chaque pan est ouvert par une fente verticale qui s'appelle pinnule. Quatre pinnules, à angle droit, sont terminées, à leur partie supérieure, par une fenêtre ronde; les quatre autres pans ont une fenêtre rectangulaire, traversée en hau-

teur par un fil tendu. A l'extrémité inférieure de l'é-
querre se trouve une *douille* qui reçoit le haut du
bâton de l'équerre.

49° Le *Rapporteur* est un demi-cercle en cuivre ou
en corne (fig. 40) divisé, comme le graphomètre, en
180 degrés. Cet instrument sert à mesurer les angles
sur le papier. Il y en a de différentes grandeurs ; les
plus grands sont préférables, parce qu'on peut éva-
luer avec plus d'exactitude les parties de degrés.

50° On appelle *échelle de proportions* (fig. 41), un
instrument destiné à prendre des mesures proportion-
nelles à des lignes données. Elle sert à rapporter sur
le papier des lignes qui ont été tracées sur le terrain.
Les échelles sont généralement prises en partie du
mètre.

On dit qu'une échelle est d'un mille, l'orsqu'un mètre est représenté par un millimètre ; de sorte qu'une
ligne de 1,000 mètres serait représentée par un mètre. L'échelle est dite de deux mille l'orsqu'un mètre est
représenté par un demi-millimètre ; de sorte que
2,000 mètres seraient représentés par un mètre.

Il nous reste encore à parler de plusieurs petits
instruments que l'usage fait connaître, tels que le
compas, la règle, l'équerre, le fil à plomb, le tire-
lignes, le porte-crayon et d'autres encore qui n'exi-
gent pas une description. Seulement, nous dirons
que l'équerre a la forme d'un triangle rectangle.
(25, 1°)

DE LA MESURE DES LIGNES.

51° Mesurer une ligne , c'est la comparer à une autre ligne prise pour unité ; l'unité employée en ce traité, est le mètre.

Soit à mesurer la ligne AB (fig. 42). Supposons que cette ligne soit sur le papier ; on prendra, avec un compas, la longueur de cette ligne qu'on portera sur une échelle de proportions qui a servi à la rapporter, afin qu'on puisse connaître le nombre d'unités et de parties de l'unité contenues dans cette ligne.

Supposons que la ligne AB (fig. 42), qui doit être mesurée, soit sur le terrain : on prendra une chaine métrique qu'on portera sur cette ligne autant de fois qu'elle pourra y être contenue ; puis, s'il existe un surplus, on l'évaluera sur les divisions de la chaine (44).

Supposons maintenant que la ligne $a\,b$ soit un décamètre ; si vous la portez sur la ligne AB, vous trouverez que cette dernière la contient 8 fois ; vous avez 8 fois 10 égal à 80 mètres pour la longueur de cette ligne.

Nous convenons que chacun peut mesurer une ligne sur le terrain ; mais, cependant, nous indiquerons plusieurs remarques sans lesquelles on serait exposé à beaucoup d'erreurs.

Avant de se servir de la chaine, il faut la tendre dans toute sa longuenr et la vérifier exactement pour s'assurer que rien n'est dérangé.

Les dérangements que la chaine éprouve tiennent aux brins qui se courbent et aux anneaux qui s'ouvrent ou s'applatissent. Dans le premier cas, il faut redresser les brins qui sont pliés ; dans le second cas, il faut ramener les anneaux à la forme circulaire.

La chaîne est munie de dix brins de fil de fer qu'on appelle *fiches*. Les fiches servent à marquer l'endroit où l'on doit reprendre la ligne. Il faut avoir soin de bien planter les fiches perpendiculairement ; celui qui reprend la ligne doit tenir l'extrémité de la chaîne contre la fiche, sans lui donner aucune inclinaison. Lorsqu'une ligne est un peu longue, il faut la jalonner pour ne pas s'écarter de la ligne droite, qui est le plus court chemin d'un point à un autre. On reconnaît que les jalons sont dans le même alignement, quand le premier couvre tous les autres. On convient aussi de donner deux centimètres de plus à la chaîne de dix mètres, attendu qu'il est impossible de la tenir dans toute sa longueur ; car, en voulant atteindre ce but, on risquerait de rompre la chaîne.

Lorsqu'on mesure un terrain incliné, on ne doit point laisser la chaîne poser sur la surface du terrain ; mais il faut la tendre toujours horizontalement. Exemple (fig. **43**) : Si on mesure en montant, celui qui tient le bout de la chaîne derrière, la lève de A en F, tandis que celui qui tient l'extrémité de cette chaîne devant, la baisse en B sur le terrain ; puis du point B on la lève en G et ainsi de suite ; mais en descendant, on fait le contraire : la personne qui marche derrière, pose la poignée de la chaîne sur le terrain et toujours contre la fiche ; celle qui va devant la lève jusqu'à ce qu'elle soit dans une position horizontale ; alors, de son extrémité on laisse tomber une fiche ou une petite pierre qui s'enfonce en terre et marque l'endroit où doit se planter la fiche. On pourrait aussi se servir d'une règle en la plaçant verticalement.

Donc, pour mesurer une surface inclinée, il faut la ramener à une surface plane et on a les lignes AB = FB , BC = GC , CD = HD , DE = IE. La somme de toutes ces lignes obtenues avec la chaîne est égale à la ligne horizontale AL (fig. 43).

Certaines personnes croient cependant qu'un terrain incliné produit plus qu'un terrain horizontal correspondant ; tandis que c'est à peine s'il produit autant qu'un terrain droit correspondant : l'expérience l'a prouvé ; car les arbres, les blés et tous les autres végétaux poussent dans une direction verticale et non perpendiculaire au terrain. On voit que la ligne inclinée AB ne contient pas plus de pieds d'arbres que la ligne horizontale AC (fig. 43 bis).

Sur un terrain incliné, les pluies entraînent souvent les terres végétales et les semences ; or, ces terrains ne peuvent entretenir l'humidité si nécessaire à la végétation, la culture y est plus difficile ; on a donc raison de les comparer à des terrains droits ou horizontaux.

DE LA MESURE DES ANGLES.

52° On a vu (17) qu'il est toujours commode de mesurer un angle. Pour mesurer un angle sur le papier, on se sert du rapporteur (fig. 40). Supposons

que ce soit l'angle ABC (fig. 44): on pose le point centre C du rapporteur sur le point B qui est le sommet
de l'angle, puis le diamètre AB du rapporteur sur le
côté BA de l'angle; et le côté BC de l'angle marquera
l'extrémité de l'arc. Comme on voit dans la fig. 44,
la grandeur de l'arc DE est de 60 degrés, ce qui est
la valeur de l'angle ABC.

Pour mesurer un angle sur le terrain, on se sert
du graphomètre (fig. 36). Que l'angle de la fig. 44
soit sur le terrain, on placera le graphomètre au
point B de l'angle; puis, dirigeant le diamètre AB de
cet instrument sur le côté BA de l'angle, on aper-
cevra au travers des pinnules de ce diamètre, le jalon
planté au point A ; on assure le graphomètre en cette
position, puis on dirige le diamètre mobile DE sur
le côté BC, apercevant au travers des pinnules de ce
diamètre le jalon planté au point C. La valeur de cet
angle est égale à la grandeur de l'arc compris entre
les deux diamètres de cet instrument.

Nous supposons qu'on peut entrer dans l'angle de
la fig. 44 ; mais comme il est beaucoup d'angles dans
lesquels on ne peut entrer, nous allons indiquer les
méthodes en usage pour ces espèces d'angles. Soit
l'angle ABC (fig. 44 bis) à mesurer ; c'est un angle
dans lequel on ne peut entrer. Pour mesurer cet angle, il faut prolonger les côtés AB et CB, l'un en D
et l'autre en E ; puis joindre ces deux points par une
droite DE ; ensuite mesurer avec le graphomètre,
les angles BDE et BED, et retrancher la valeur de
ces deux angles de 180 degrés, qui sont la valeur des
trois angles d'un triangle (25); le reste sera la valeur

de l'angle DBE qui est égal à l'angle ABC, puisque ces deux angles sont opposés à leurs sommets (26).

On doit prolonger les côtés d'un angle à égale longueur, si la chose est possible. En employant ce procédé, il n'est besoin seulement que de mesurer l'un des angles BDE ou BED et doubler la valeur de l'un de ces angles, on a la valeur des deux ; car, lorsqu'un triangle a deux côtés égaux, les angles opposés à ces côtés le sont également (25) et la valeur du troisième est égale à la somme des deux premiers (ou le double de l'un d'eux) retranchée de 180 degrés.

On peut avoir la valeur de l'angle ABC (fig. 44 bis), en levant le plan du triangle DBE (voir la manière de lever les plans). En ayant le plan de ce triangle, on mesure l'angle DBE avec un rapporteur; la valeur de cet angle est égale à celle de l'angle ABC.

Cet angle peut encore se mesurer en traçant deux lignes parallèles aux deux côtés de cet angle. Comme on le voit dans la fig. 44 bis, l'angle formé par les lignes GF et HF est égal à l'angle ABC.

ÉLEVER ET ABAISSER DES PERPENDICULAIRES.

53° Pour élever une perpendiculaire sur une ligne droite à un point donné :

Soit la ligne AB fig. 45. On veut élever une perpendiculaire au point C. Supposons que cette ligne soit sur le papier; on prendra deux ouvertures de compas égales entre elles, mais plus grandes que les distances des points A et B au point C. On conçoit que si ces ouvertures n'étaient pas plus grandes que la distance du point C aux points A et B, les arcs qui seraient décrits de ces points, ne pourraient se rencontrer qu'au point C. Donc il faut prendre des ouvertures plus grandes que ces distances.

Au point A, je décris un arc *a b*, j'en décris un autre *c d* du point B, qui coupe le premier au point D; le point D où se coupent les deux arcs marque le point par où doit passer la perpendiculaire. Mais il faut que les points A et B soient également éloignés du point C.

On peut élever des perpendiculaires sur le papier avec un rapporteur. Supposons qu'on veuille élever celle de la figure 45 : on placera le diamètre du rapporteur sur la ligne A B, en faisant correspondre le point central du rapporteur avec le point C; la ligne du rapporteur qui passe par le point de 90 degrés est perpendiculaire à la ligne AB. Pour tracer cette perpendiculaire, il faut marquer le point de 90 degrés avec la pointe d'un crayon et joindre ce point au point C; on a alors la perpendiculaire demandée.

54° Pour abaisser des perpendiculaires sur le papier, on se sert d'une règle et d'une équerre. Vous placez la règle parallèle à la ligne sur laquelle vous voulez abaisser la perpendiculaire, en faisant glisser après l'équerre le long de la règle jusqu'au point où vous voulez abaisser la perpendiculaire.

Soit le triangle A B C (fig. 32.) On veut abaisser une perpendiculaire du sommet B sur la base (35, 2°) AC. Placez une règle parallèle à la ligne A C faites glisser une équerre le long de la règle jusqu'au

point B ; dans cette position, tracez le long de l'é-
querre une ligne qui aille du sommet sur la base,
cette ligne sera dite la hauteur du triangle. S'il est
nécessaire, on peut prolonger le côté qui sert de
base : ainsi dans le parallélograme (fig. 24) on prolonge la base A B en E, et on a la perpendiculaire
C E.

55° Pour élever une perpendiculaire sur le terrain,
servez-vous de l'équerre d'arpenteur (fig. 39). Soit
proposé d'en élever une sur la ligne A B, au point
E (fig. 28). Placez l'équerre au point E ; puis, après
avoir planté des jalons aux points A et B, disposez les
pinnules de l'équerre de façon à apercevoir les jalons
plantés aux points A et B ; assurez l'équerre en cette
position ; ensuite, envoyez un aide sur la ligne CD,
lequel disposera un jalon, afin que l'observateur qui
regardera par les pinnules dirigées du côté de cette
ligne, puisse apercevoir ce jalon. S'il ne l'apercevait
pas à la première visée, on examinerait alors si le jalon est trop à droite ou à gauche ; en supposant qu'il
soit trop à droite, on fera signe à celui qui le porte
d'avancer à gauche, jusqu'à ce qu'il soit visible à
travers les pinnules ; dans cette position, on fera planter le jalon ; et, après avoir tracé une ligne du jalon
à l'équerre, on obtiendra la perpendiculaire demandée, soit la ligne EF (fig. 28.)

On peut aussi élever des perpendiculaires sur le
terrain avec le graphomètre (fig. 36.) Soit proposé
d'en élever une sur la ligne A B au point E (fig. 31).
Dirigez le diamètre immobile A B sur cette ligne ;
puis, après avoir fait correspondre le diamètre mo-

2

bile D E avec le point de 90 degrés, faites planter, dans cette position, un jalon dans l'alignement des pinnules du diamètre mobile, vous aurez la perpendiculaire E C (fig. 31).

Pour abaisser des perpendiculaires sur le terrain avec l'équerre ou le graphomètre, la difficulté n'est pas plus grande. Exemple : On veut abaisser une perpendiculaire du point C sur la ligne A B (fig. 34). On plante un jalon au point C ; ensuite, étant sur la ligne A B avec l'équerre ou le graphomètre, on dirige les pinnules sur cette ligne ; on regarde par les pinnules dirigées vers le point C, pour apercevoir le jalon planté à ce point ; si on ne l'aperçoit pas, il faut avancer ou reculer l'instrument jusqu'à ce qu'on le voie dans l'alignement des pinnules.

Nous ferons observer que ces instruments doivent toujours être placés dans une position horizontale.

PROLONGER ET DIVISER UNE LIGNE.

56° Prolonger une ligne sur le terrain dépend de plusieurs cas : le terrain est libre ou embarrassé.—Prolonger une ligne sur un terrain libre.—Supposons qu'on ait à prolonger la ligne A B (fig. 46) en H. Il faut d'abord planter des jalons aux points A, C, D,B,E,H ; on reconnaît que les jalons sont dans le même alignement, lorsqu'étant placé au point F, le jalon A couvre tous les autres.

PROLONGER UNE LIGNE SUR UN TERRAIN EMBARRASSÉ

On veut prolonger la ligne A B (fig. 41) en D. Abaissez deux perpendiculaires, une au point A et l'autre au point B, en ayant soin que les perpendiculaires aient la même longueur. La perpendiculaire abaissée du point A est la ligne A H, et celle du point B est la ligne B I; du point H on tire une ligne droite qui passe par le point I qu'on prolonge jusqu'au point F; puis on élève deux perpendiculaires égales aux premières, une au point F et l'autre au point E; la perpendiculaire élevée au point F est la ligne FD et celle élevée au point E est la ligne EC; on unit les points C et D par une ligne droite, ce qui donne le prolongement de la ligne A B en D.

DIVISER UNE LIGNE DROITE EN PLUSIEURS PARTIES ÉGALES.

57° On veut diviser la ligne AB (fig. 48) en six parties égales. Tracez une ligne indéfinie DE, et, avec une ouverture de compas prise à volonté, mais qui soit plus grande que la sixième partie de la ligne AB, portez cette ouverture six fois de suite sur la ligne DE; formez un triangle équilatéral DCE, en décrivant du point D avec une ouverture de compas égale à la ligne DE, un arc $a b$; puis, du point E, avec la même ouverture de compas, décrivez l'arc $e d$ qui coupe le premier au point C; de ce point, tirez deux lignes droites, une au point D et l'autre au point E, ce qui donne le triangle équilatéral DCE (fig. 49). Du point C, avec une ouverture de compas égale à la ligne AB, décrivez un arc sur la ligne CD et un autre sur la ligne CE; joignez ces deux points par une ligne droite égale à la ligne AB ; vous avez le triangle équilatéral ACB qui est proportionnel au triangle DCE. On voit que si l'on tire des lignes droites du point C sur les divisions de la ligne DE, on divise aussi la ligne AB en autant de parties égales; puisque les deux triangles sont proportionnels, les deux lignes AB et DE, ainsi que leurs divisions, le seront également.

MANIÈRE DE CONSTRUIRE UNE ÉCHELLE DE PROPORTIONS.

58º Tracez une ligne indéfinie (fig. 41 bis), et portez dix fois sur cette ligne, de A en B, une ouverture de compas qui doit représenter la longueur d'un mètre sur le plan. La longueur AC, qui contient dix fois cette ouverture de compas, représente 10 mètres. Portez dix fois la longueur de AC sur la ligne AB, puisque les échelles sont ordinairement composées de dix parties égales ; en sorte que la longueur de l'échelle représente 10 fois 10 mètres $=$ 100 mètres de longueur.

MANIÈRE DE CONSTRUIRE UNE ÉCHELLE SEMBLABLE A CELLE DE LA FIGURE 41.

Cette échelle représente non-seulement des mètres mais encore des décimètres ; ce qui donne le rapport d'un plan avec plus de précision. La manière de construire l'échelle fig. 41 bis étant connue, il est facile de construire l'échelle fig. 41. Tracez onze lignes parallèles et à égale distance ; la ligne AB étant partagée comme celle de la fig. 41 bis, partagez aussi la ligne CD en autant de parties égales ; unissez alors ces divisions par des droites, en ayant soin dans la partie AE, CF de ne pas faire correspondre le premier point inférieur avec le premier point supérieur. Toutefois, il faut que le premier point inférieur corresponde avec le deuxième point supérieur et ainsi de suite. De là les décimètres.

MANIÈRE DE LEVER LES PLANS GÉOMÉTRIQUES.

Arpenter et lever le plan de la figure 50.

59° Pour arpenter cette fig., il faut commencer à la parcourir avec la chaîne. On mesure premièrement les lignes qui la renferment ; on mesure la ligne AB qu'on trouve être de 45 mètres, et on trace une ligne sur le croquis qui porte au-dessus d'elle 45 mètres. On appelle *croquis* une figure tracée sur le papier pour écrire les notes relatives aux lignes. Cette figure doit être semblable au terrain qu'elle représente ; c'est-à-dire que le croquis doit contenir autant de lignes que le terrain qu'il représente, et les lignes doivent être tracées dans le même sens que celles auxquelles elles sont relatives.

Supposons que la fig. 50, qui représente le terrain, représente encore le croquis. Après avoir mesuré la ligne AB, on mesure la ligne BC qui se

trouve être de 50 mètres 4 décimètres ; on marque
sur le croquis la longueur de cette ligne et celle des
autres au fur et à mesure qu'on les obtient. Après
avoir mesuré et marqué sur le croquis toutes les lignes qui circonscrivent cette figure, il faut la réduire
par des diagonales en figures désignées (34). On
convient de réduire cette figure en triangles (nous
avons dit qu'un polygone renferme autant de triangles qu'il y a de côtés moins deux dans le polygone);
donc la fig. ABCDEF, qui a six côtés renferme quatre triangles. Lorsqu'on a réduit un polygone en
triangles, il est facile d'en lever le plan par la méthode que nous allons indiquer.

Pour lever le plan de cette figure, tracez une ligne indéfinie AB. Du point A, avec une ouverture
de compas prise en partie de l'échelle, qui soit égale
à la ligne AB, vous déterminez le point B ; c'est-à-
dire que si vous vous servez de l'échelle d'un mille,
un mètre sera représenté par un millimètre. Ainsi,
la ligne AB qui a 45 mètres, sera représentée par 45
millimètres. Du point A, avec une ouverture de
compas égale, en partie de l'échelle, à la ligne AF,
décrivez un arc du côté du point F ; et du point B,
avec une autre ouverture de compas égale, en partie
de l'échelle, à la ligne BF, décrivez un arc qui coupe
le premier au point F ; unissez ces points par des lignes droites, vous avez le triangle AEB ; puis, du point
F, avec une ouverture de compas égale, en partie de
l'échelle, à la diagonale FC (31), décrivez un arc du
côté du point C; et du point B, avec une ouverture de
compas égale, en partie de l'échelle, à la ligne BC, dé-

crivez un arc qui coupe le premier au point C ; unissez ces points par des lignes droites, ce qui donne
le triangle BFC ; puis du point C, avec une ouverture de compas égale, en partie de l'échelle, à la
diagonale CE, décrivez un arc du côté E; et du
point F, avec une ouverture de compas égale, en
partie de l'échelle, à la ligne FE, décrivez un arc qui
coupe l'autre au point E ; unissez ces points par des
lignes droites et vous avez le triangle CEF. Le triangle EDG se rapporte de la même manière que les
autres.

Tous ces triangles étant rapportés sur le papier,
on a le plan de la figure tout entière. Pour avoir la
surface de ce polygone, on cherche la surface parti-
culière de chaque triangle; et la somme des surfaces
de ces triangles donne la surface totale de la fig. 50.

Lorsqu'on rapporte le plan d'une figure, il faut le
construire sur de grandes dimensions ; c'est-à-dire
qu'il faut prendre la plus grande échelle possible,
afin que le calcul donne un résultat plus juste. Mais,
avec la surface de cette figure, on peut arbitraire-
ment réduire ce plan, en se servant d'une autre
échelle pour le construire.

Arpenter la figure 51 et en lever le plan.

60° Il est facile de lever le plan de la partie ABCD
EF en employant la méthode indiquée pour la figure
50. Du point A, tracez une diagonale au point F, ce
qui donne le polygone ABCDEF qui se réduit en triangles au moyen de diagonales. Pour la partie AGF, il

faut élever des perpendiculaires sur la ligne AF aux endroits les plus saillants de la courbe AGF. On pourrait aussi former des triangles dans cette partie, comme on le voit dans la figure.

Supposons que la figure 51, qui représente le terrain, représente encore le croquis et le plan de cette figure. Connaissant la manière de rapporter la figure 50 sur le papier, il n'y aura aucune difficulté à rapporter la partie ABCDEF de la fig. 51 ; quant à la partie AGF, il faut avoir soin de bien marquer sur la ligne AF la longueur des lignes qui y ont été tracées, et bien marquer la distance des points auxquels on élève des perpendiculaires. Tous ces détails peuvent se voir dans la figure 51. La partie ABCDEF étant sur le papier, il sera facile de rapporter la partie AGF en plaçant une règle parallèle à la ligne AF et en faisant glisser une équerre le long de la règle. Lorsque l'équerre se trouve au point O, on trace avec un crayon, le long de l'équerre, une ligne d'une longueur arbitraire ; ensuite on fait glisser l'équerre au point P et on trace une ligne comme au point O ; on opère de même pour les autres perpendiculaires ; ensuite, avec une ouverture de compas égale, en partie de l'échelle, à la ligne OH, du point O on détermine le point H ; et du point P, avec une ouverture de compas égale, en partie de l'échelle, à la ligne PI, on détermine le point I. De même, pour déterminer la longueur de toutes ces perpendiculaires. Les points H,I,J,G,L,M,N, étant déterminés, on unit ces points par des lignes et l'on obtient ainsi le plan de la fig. 51. Pour avoir la surface de cette

partie, il faut chercher celle de tous ces petits trapèzes et celles des triangles qui s'y trouvent, qu'on
ajoute alors à la surface du polygone ABCDEF ; ce
qui donne la surface totale de la fig. 51.

Il est bon d'observer qu'on doit marquer avec
soin la longueur des lignes sur le croquis et leurs
directions respectives.

61° Voici encore une méthode claire et simple
pour arpenter et lever le plan de la figure 52. Dans
une figure mixtiligne, on doit former le plus grand
nombre de polygones possibles.

Pour arpenter cette figure, placez d'abord un jalon
au point E ; prolongez ensuite la ligne AF en E ; mesurez la distance du point A au point F, distance qui
est de 25 mètres. Après les avoir marqués sur le croquis, continuez de mesurer cette ligne jusqu'au
point E ; la distance de ce point au point F est de
46 mètres, ce qui donne 71 mètres pour la longueur
de la ligne AFE. Marquez cette longueur sur le croquis ; puis mesurez la ligne ED qui est de 34 mètres
6 décimètres, la ligne DC qui est de 29 mètres.

Lorsque vous êtes au point C, vous envoyez planter un jalon au point B ; puis, dudit point C, vous
tirez une ligne droite au jalon planté au point B. En
mesurant cette ligne il faut avoir soin de marquer le
point I ; il se trouve à 32 mètres 5 décimètres du point
C et à 24 mètres 8 décimètres du point B ; ce qui
donne la longueur de la ligne CIB = 57 mètres 3
décimètres. La longueur de la ligne BA est de 55
mètres. Toutes ces lignes étant mesurées et marquées
sur le croquis, on trace autant de diagonales qu'il

en faut pour réduire ce polygone en triangles. On en trace deux du point A, une du point C et l'autre du point D; ce qui donne les trois triangles AED, DCA, CBA; les diagonales étant mesurées, celle AC est de 80 mètres et celle AD de 82 mètres. On les marque sur le croquis. Lorsque les diagonales sont d'une certaine longueur, il faut les jalonner pour ne pas s'écarter de la ligne droite. Les diagonales auraient pu se tirer de tout autre point que du point A; mais cependant, il faut éviter de former des triangles trop obtusangles, lorsqu'on ne se sert que de la chaine. Les triangles qui approchent le plus du triangle rectangle et de l'équilatéral sont préférables.

Nous allons maintenant indiquer la manière d'arpenter ce qui reste entre ces courbes, et nous commencerons du côté EF pour arpenter cette partie. Du point F, je tire une ligne droite au point G, que je trouve être de 20 mètres; du point E, j'en tire aussi une au point G, qui est de 30 mètres; ce qui donne le triangle FGE; pour mesurer ces petites parties qui restent des côtés des deux lignes EG et FG, il faut élever des perpendiculaires sur ces lignes à toutes les sinuosités des courbes. Sur la ligne EG, à 11 mètres 5 décimètres du point E, au point a, on élève une perpendiculaire qui se trouve être de deux mètres; le point b est à 10 mètres 4 décimètres du point a; la perpendiculaire élevée au point b est de deux mètres. Sur la ligne FG, à six mètres du point G, au point c, on élève une perpendiculaire qui se trouve être de deux mètres; le point d est à

6 mètres 5 décimètres du point *c*; la perpendiculaire élevée au point *d* est d'un mètre 8 décimètres.

Passons au côté BC. Sur cette ligne, avec une équerre, on élève des perpendiculaires aux points J, K, L, M. Il serait inutile de prouver qu'on aura d'autant plus exactement des lignes courbes qu'on aura élevé un plus grand nombre de perpendiculaires. Nous pensons avoir dit, en matière d'arpentage, tout ce qui suffit, pour mesurer les surfaces, à tout propriétaire et fermier.

Nous allons lever le plan de la figure 52. Pour lever le plan de cette figure, prenons l'échelle (fig. 41) pour le construire. La ligne AB est tracée d'une manière indéfinie. Du point A, avec une ouverture de compas égale, en partie de l'échelle, à la ligne AB, on détermine le point B ; (nous n'indiquons point ici la manière de lever le plan du grand polygone de cette figure ; ce serait répéter la figure 50 ; seulement nous indiquons la manière de lever les parties des côtés des courbes et la manière de prendre des mesures sur l'échelle de proportions).

Admettons que le grand polygone ABCDEF soit rapporté sur le papier. Pour rapporter la partie FGE, du point F, avec une ouverture de compas égale à 20 parties de l'échelle (on prend 20 parties de l'échelle parce que la ligne FG est de 20 mètres, et que chaque partie de l'échelle représente un mètre), vous décrivez un arc ; et du point E, avec une ouverture de compas égale à 30 parties de l'échelle, vous décrivez un arc qui coupe le premier au point G. Sur les lignes EG et FG, avec une règle et une équerre, vous élevez les perpendiculaires qui ont été tracées sur le terrain. Pour rapporter la partie BIC, vous vous servez de la règle et de l'équerre, pour élever les perpendiculaires tracées sur le terrain; vous unissez les extrémités de ces perpendiculaires par des lignes et vous avez le plan de la fig. 52. On obtient la surface de cette figure en additionnant les surfaces de tous les triangles et des autres figures qu'on y a formées ; mais la partie BOPILM doit être retranchée de cette surface, puisqu'elle n'appartient pas à cette figure.

Pour les mesures à prendre sur l'échelle de proportions, lorsqu'on n'a que des mètres, on prend toujours les parties sur la ligne AB. Mais, si l'on a des mètres et des décimètres, on choisit une autre ligne, suivant le nombre de décimètres. La 2e donne un déc.; la 3e 2 déc.; la 4e 3 déc., etc.
Réduire une ligne de 64 mètres 6 déc. en partie de l'échelle. Du point marqué 70 sur la 7e ligne, prenez une ouverture de compas égale à la longueur de ce point à celui où se coupent cette ligne et la ligne qui traverse du point 5 inférieur au point 4 supérieur.

Lever le plan de la figure 53.

Supposons qu'il s'agisse d'un bois dans lequel on ne peut pénétrer, ou bien d'un étang. Il faut renfermer cette figure dans un rectangle. Pour cela, il faut une équerre d'arpenteur, afin de rendre les angles du rectangle droits. On trace la ligne AB aux deux extrémités de laquelle on élève deux perpendiculaires de la même longueur; on unit les extrémités supérieures de ces perpendiculaires par la droite CD; cette ligne doit être égale à celle AB; si elle l'est, on a la preuve que les perpendiculaires sont bien tracées. Il faut avoir soin de tracer les lignes du rectangle aussi près que possible du bois. On marque sur le croquis les points où les lignes du rectangle rencontrent celles du bois. Sur la ligne AB, on marque le point E et le point F, et le prolongement G en F; on opère de même pour les autres lignes. Ensuite, sur ces lignes on élève des perpendiculaires à tous les angles, comme on le voit dans la fig. 55. On marque sur le croquis toutes ces perpendiculaires et leurs longueurs.

Pour rapporter le plan de cette figure, on trace une ligne AB à laquelle on donne une longueur en partie de l'échelle. Aux extrémités de cette ligne, on élève deux perpendiculaires avec une équerre et une règle; ensuite on forme le rectangle ABCD, comme on a fait sur le terrain, et on élève toutes les perpendiculaires marquées sur le croquis.

La surface de cette figure est égale à celle du rectangle, moins la surface de toutes ces petites figures formées à l'extérieur du bois.

La même méthode peut s'employer pour un groupe de maisons, une pièce d'eau ou tout autre figure dans laquelle on ne peut entrer.

63° Trouver la surface de la fig. 54 sans en lever le plan.

Il faut la diviser en quadrilatères, à peu près rectangles. La surface des quadrilatères s'obtient de plusieurs manières : 1º en mesurant la ligne AE et la ligne CF qui lui est opposée ; on additionne la somme de ces deux lignes et on prend la moitié du total. On mesure aussi les deux lignes AC et EF dont on additionne les sommes, et on prend la moitié du total. On a la surface du quadrilatère AEFC en multipliant la moitié du total des lignes AE et CF, par la moitié de celui des lignes AC et EF.

2º Soit le quadrilatère EGHF dont on veuille avoir la surface. Tirez une diagonale du point F au point G. Sur cette diagonale, élevez deux perpendiculaires, une au point H et l'autre au point E, ce qui donne la hauteur des deux triangles FHG et FEG ; la diagonale FG en est la base. Lorsque l'on a la base et la hauteur d'un triangle, il est facile d'avoir la surface (35, 4º).

3º Soit le quadrilatère GBDH. On obtient la surface de ce quadrilatère en élevant une perpendiculaire sur la ligne BD ; on multiplie cette perpendiculaire par la demi-somme des deux lignes BD et GH ; le résultat de cette opération est la surface de ce quadrilatère. Ces trois méthodes indiquées sont également bonnes, cependant la dernière semble préférable. Avec l'emploi de plusieurs méthodes il est rare de trouver dans une même figure le même résultat, comme il est rare que deux arpenteurs se rencontrent au même point de précision ; mais quand la différence dans les opérations n'est que de quelques centiares, elle est regardée comme nulle.

Trouver la surface de la figure 55 sur le terrain

64º On mesure toutes les lignes qui renferment

cette figure; on marque leur longueur sur le croquis; puis on place un jalon au point A et au point F ; on en fait placer un autre sur la ligne DC , en alignement des deux premiers, ce qui donne les deux quadrilatères ABCG et EFGD dont la surface est facile à obtenir par les méthodes indiquées plus haut.

Nous ferons remarquer qu'il sera toujours à propos de planter des jalons , lorsqu'il s'agira d'arpenter une figure quelconque. C'est aux angles des polygones principalement qu'il est bon d'en planter, ainsi que sur les lignes qu'on y trace. Les lignes qui circonscrivent une figure ne doivent pas être considérées comme droites, si elles ne le sont pas parfaitement. La chaîne peut servir à mesurer les petites perpendiculaires à élever sur les droites qu'on a tracées sans se servir de l'équerre d'arpenteur.

DIVISION DES TERRAINS.

65º Comme il arrive souvent qu'il faut partager les terrains en plusieurs parties, nous allons indiquer la méthode en usage.

Soit la figure 55 à partager en trois parties égales.

Il faut d'abord connaître la surface de ce terrain; lorsqu'elle est connue, on la divise en trois parties égales, puisqu'elle doit être partagée en trois lots égaux.

Calcul fait , la surface de cette figure est de 33 ares 30 cent.; la surface divisée par 3; donne 11 ares

10 cent. pour la part de chacun. Supposons que le plan de cette figure ait été levé. Il faut prendre 11 ares 10 cent. du côté BC. Pour cela, vous prenez une ouverture de compas sur l'échelle qui a servi à construire le plan de cette figure ; l'ouverture est de 24 mètres, vous la portez sur la ligne CD; sur la ligne BA vous en portez une autre de 18 mètres et vous cherchez la surface de ce quadrilatère, qui se trouve être de 11 ares 97 cent.

Ces ouvertures de compas sont donc trop grandes puisqu'elles donnent pour surface 87 centiares de plus que la part indiquée. Il faut rapprocher la ligne HI de la ligne BC. Si on la rapproche d'un mètre, on aura 57 mètres carrés ou 57 centiares de moins pour la surface du quadrilatère BCHI. En effet, puisque la ligne HI est de 57 mètres, si on retranche un mètre de la ligne CH et un mètre de la ligne BI, il est évident que l'opération donne un rectangle d'un mètre de largeur sur 57 mètres de longueur. Retranchez 57 cent. de 87 cent. il reste encore 30 cent. de trop ; mais, en rapprochant encore la ligne HI d'un mètre vers la ligne BC, vous obtiendrez 57 cent. de moins pour ce quadrilatère ; or, il n'est trop grand que de 30 cent., il ne faut donc pas rapprocher cette ligne d'un mètre. Le calcul prouve qu'il faut la rapprocher de 5 décimètres. On voit donc que le point H était d'un mètre 5 décimètres trop éloigné du point C, ainsi que le point I du point B; la ligne CH est donc de 22 mètres 5 décim. et la ligne BI de 16 m. 5 décim.; la surface de cette portion est de 11 ares 11 cent. La surface de la deuxième

portion est de 11 ares 8 cent.; celle de la troisième est de 11 ares 8 cent. On additionne les trois
portions et si l'on retrouve la surface de cette figure,
c'est une preuve que l'opération est bonne.

On peut encore planter des bornes, en mesurant
avec la chaine leurs distances marquées sur le plan.
La borne H est à 22 m. 5 déc. du point C; la borne I
est à 16 m. 5 déc. du point B; la borne J est à 19
m. et 1 déc. de la borne H, enfin la borne K est à 19
m. et 1 déc. de la borne I.

Nous ferons observer que lorsqu'on veut lever le
plan d'une figure avec l'aide seulement de la chaine
et des jalons, il ne suffit pas de tracer des diagonales
pour réduire cette figure en triangles. Il faut encore
tracer des lignes pour servir de preuve. Exemple :
Dans la fig. 55, on voit que cette figure est réduite
en quatre triangles par les diagonales AC, FC, FD. La
ligne de preuve qui doit se tracer en chaque triangle,
c'est la ligne droite qui se tire du plus grand angle
sur le côté opposé, en ayant soin de bien marquer le
point où cette ligne rencontre celle du triangle. Ainsi
dans le triangle ABC (fig. 55), la ligne BO est la
ligne de preuve de ce triangle. Lorsqu'on mesure la
ligne AC, il faut avoir soin de bien marquer la distance du point A au point O. On en fait autant pour
les autres triangles ; et, en levant ce plan, si les lignes se rencontrent bien, c'est une preuve que l'opération est bonne ; si elles ne se rencontrent pas, on
doit alors retourner sur le terrain et mesurer ces
lignes de nouveau.

Nous dirons deux mots sur le bornage.

Celui qui est le plus en usage consiste à planter des pierres brutes ou façonnées au marteau. Les bornes devront être plantées dans les deux propriétés, sur la ligne de séparation. On prend alors une pierre que l'on casse en deux ; on en met un morceau de chaque côté de la borne qui est enterrée avec elle. Ces fragments de pierres servent à faire reconnaître que la grosse pierre est une véritable borne. Lorsqu'une borne est placée à un angle, le centre de la borne doit marquer le sommet de cet angle.—(*Art. 646 du code civil.*)—Tout propriétaire peut exiger de son voisin le bornage de leurs propriétés contiguës. Ce bornage s'exécute à frais communs.

66° Partager la fig. 56 en quatre parties inégales, de manière que la deuxième partie ait 6 ares de plus que la première, la troisième 3 ares de moins que la deuxième, et que la quatrième soit égale à la surface de la première et à celle de la troisième.

Pour résoudre ce problème, il faut d'abord connaître la surface de la première partie. Cette surface est de 21 ares 50 cent. ; la deuxième partie, qui a 6 ares de plus que la première, aura pour surface 27 ares 50 cent. ; la troisième, qui a 3 ares de moins que la deuxième, aura pour surface 24 ares 50 cent. ; la quatrième, qui est égale à la surface de la première et à celle de la troisième aura pour surface 46 ares ; la surface de cette figure est donc de 119 ares 50 centiares.

Si l'on veut partager cette figure avec plus d'exactitude, on en doit lever le plan, afin de déterminer les points où doivent se planter les bornes. On suit alors la méthode indiquée pour la figure 55. C'est-à-dire : on cherche sur le côté AF une surface de 21 ares 50 centiares pour la première portion. On marque sur le plan la distance de la borne G au point A et celle de la borne H au point F. Lorsqu'on a trouvé la surface de chacune des autres portions, il faut avoir soin de bien marquer les points qui doivent limiter ces portions. Cela fait, on peut aller sur le terrain et planter les bornes. Lorsqu'on partage un terrain, il faut procéder de façon à protéger la culture et l'écoulement des eaux, et à faire aboutir toutes les portions au chemin, si ce terrain lui-même y aboutit.

67° Lorsqu'on a des rectangles et des trapèzes ou toute autre figure régulière, il est toujours facile de partager ces figures sans en lever le plan.

Soit à partager en trois parties égales le rectangle fig. 57. Divisez les deux bases AB et CD en trois parties égales ; unissez les points de divisions par des lignes droites, ce qui partage le rectangle en trois parties égales.

Partager le trapèze fig. 57 bis, en trois parties égales.

Divisez la base AB en trois parties égales ainsi que la base CD ; unissez ces points de divisions par des lignes droites, ce qui donne trois parties égales. Mais si l'on partage ce trapèze par d'autres directions, il ne faut pas suivre cette méthode, car les divisions des lignes ne peuvent être égales, puisque ces lignes ne sont pas parallèles.

68° On appelle limites ou confins l'endroit où finit une propriété et où commence une autre.

Les propriétés sont ordinairement limitées par des chemins, des haies, des murs, des rivières et par d'autres propriétés. En levant le plan d'un terrain quelconque, il faut toujours en indiquer les confins, afin que si l'on était obligé d'user de ce plan pour replanter des bornes arrachées ou pour tout autre motif, ce plan, bien rapporté, fût un guide avantageux dans tous les cas.

Lorsqu'on arpente un terrain, il faut bien marquer sur le croquis tous les objets qui peuvent servir à faire reconnaître les confins. Les objets qui surtout doivent être marqués sur un plan, sont : les bornes, les arbres, les buissons qui se trouvent dans les confins ; tout autre accident remarquable doit être figuré sur le plan dans sa position réelle.

Exemple qui se rencontre très-souvent:

Dans un héritage, plusieurs propriétaires, ont des portions qu'ils jugent être inégales, malgré le partage ; et cependant l'acte de partage, ou tout autre titre, indique la surface de toutes les portions et leurs positions respectives.

Prenons la figure 58 pour en fournir une démonstration. Le polygone ABCD doit être partagé entre quatre propriétaires. Chaque portion, suivant le titre, doit être égale ; mais le propriétaire de la troisième portion trouve qu'elle n'a pas la même étendue que celles de ses co-partageants, et il demande à délimiter.

Pour cela, on arpente et on lève le plan de ce polygone ; on en cherche la surface et celle de chaque portion. La surface de la première se trouve être de 80 ares, la surface de la deuxième équivaut à 76 ares, la surface de la troisième à 73, enfin celle de la quatrième à 79 ares ; ce qui donne la surface du polygone ABCD égale à 80ᵃ plus 76ᵃ plus 73ᵃ plus 79ᵃ $= 3$ hectares 8 ares. On divise la surface de ces quatre portions par 4 ; résultat $30800/4 = 7,700$ m. carrés ou 77 ares pour la portion de chacun. Il ressort donc que le propriétaire de la première portion doit restituer 3 ares, celui de la deuxième doit reprendre un are, celui de la troisième doit reprendre 4 ares et celui de la quatrième doit restituer 2 ares. Il faut alors arracher les bornes et les replanter aux points voulus (méthode de la fig. 55).

Tout propriétaire a droit à la délimitation, s'il jouit d'un titre qui lui concède une surface plus grande que celle de son fonds et que ce titre prouve que les fonds aboutissants ont formé un ensemble autrefois. Dans le cas contraire, si la surface des fonds voisins n'a pas plus d'étendue que le titre n'en comporte, il n'y a pas matière à restitution.

Nous allons encore donner trois exemples sur l'arpentage. On veut arpenter et lever le plan du polygone BCEF (fig. 58), sans tirer une grande diagonale. Nous ne reviendrons pas sur la manière de marquer ces lignes sur le croquis et nous montrerons seulement la manière de tracer les lignes d'opérations.

Au point B vous tirez une ligne sur la ligne EF ; vous en tirez une autre du point F sur la ligne BC ; vous marquez le point où ces deux lignes se coupent et les points où elles rencontrent les lignes BC et EF ; puis du point C vous tirez une ligne sur celle EF ; vous prolongez cette ligne en G, et du point G vous tirez la ligne GC.

On pourrait, dans ces cas, user d'une foule d'opérations ; mais le détail en serait inutile. Indiquons seulement la manière de lever ce plan. Nous traçons la ligne indéfinie EF ; et, après avoir pris du point F une ouverture de compas égale, en partie de l'échelle, à la distance de ce point au point J, nous déterminons le point H; et, de ce point, nous prenons une ouverture de compas égale, en partie de l'échelle, à la distance du point J ; ensuite des points F et H, avec lesdites ouvertures, nous décrivons deux arcs qui déterminent le point J où se coupent les deux lignes BH et FI. Le point J déterminé, nous tirons les lignes FI, HB dans toute leur longueur ; les points B, F s'unissent par une ligne droite, et nous déterminons les points K, E, G. Du point K, avec une ouverture de compas égale, en partie de l'échelle, à la ligne KC, nous décrivons un arc au point C ; et du point G, avec une ouverture égale, en partie de l'échelle, à la ligne GC, nous décrivons un arc qui coupe le premier. L'endroit où ces deux arcs se coupent, marque le point C. Les points C, I, B étant déterminés, nous les unissons par la droite CIB, et du point C, nous tirons la ligne CE ; alors, si toutes les lignes tracées ont leur juste longueur, l'opération est bonne.

Si l'on ne pouvait pas entrer dans cette figure, on pourrait employer le même procédé, en prolongeant suffisamment les lignes BC et FE.

Passons au polygone ADNOPQRS.

Du point S, tracez la diagonale SM que vous prolongerez jusqu'à ce qu'elle rencontre le prolongement de la ligne AD. Ces deux lignes se rencontrent au point L. En mesurant ces lignes, il faut avoir soin de marquer le point M et le point D qui se trouvent à la sortie du terrain.

En mesurant la ligne SML, on doit, sur cette ligne élever des perpendiculaires à toutes les sinuosités de la ligne NOPQRS ; mais, comme il arrive souvent qu'on n'a pas d'autre instrument que la chaîne pour arpenter un terrain, nous indiquerons un procédé qui sera toujours assez exact. Ainsi au point b on tire la ligne b R, et du point R on tire la ligne R c; ce qui donne le triangle b R c. En levant le triangle b R c, le point R est déterminé ; les points S et R étant déterminés, on peut alors tracer la ligne SR sans la mesurer puisque ses deux extrémités sont déterminées. Après avoir tiré au point A la ligne e Q, on fait passer la ligne Q f par le point P et on marque ce point sur cette ligne. A l'aide de ce procédé, on s'évite la peine de faire une opération au point P, puisqu'on le détermine en déterminant le point Q. Même opération pour tous les points qui se trouvent dans les mêmes cas. Dans le triangle SAL, on trace la ligne a A pour servir de preuve.

Nous allons montrer la manière d'arpenter le polygone NOPQRSTUVXYZ.

On trace de petits triangles des deux côtés de la ligne TI et sur la ligne SML. Le point V se détermine en prolongeant la ligne T en u; on mesure la distance de u en U ; avec le procédé que nous avons indiqué, on détermine les points V u; on trace cette ligne et du point u on la prolonge en U.

Comme il arrive assez souvent que deux propriétés sont limitées par des lignes courbes et par des lignes semblables à la ligne NOPQRS et que les deux propriétaires veulent convertir cette ligne en aun seule ligne droite, on renferme cette ligne dans un rectangle, dans un parallélogramme ou dans un trapèze. Ainsi la ligne NOPQRS est renfermée par la ligne S s et par la ligne T i. On cherche la surface comprise entre la ligne S s et la ligne NOPQRS, puis celle comprise entre cette dernière et la ligne T i. On peut aussi calculer la surface du polygone S s N i TS; et, si cette surface est égale à celle des deux parties ensemble, c'est une preuve que l'opération est bonne. Enfin, pour déterminer la nouvelle limite, employez la méthode indiquée au n° 65.

Lorsqu'il s'agit de lever le plan d'un terrain, il faut toujours y indiquer les points cardinaux et les terrains adjacents, afin d'avoir avec plus d'exactitude les objets qu'on désire connaître, toutes les fois qu'on aura recours au plan.

Pour déterminer les quatre points cardinaux, on se sert ordinairement de la boussole (fig. 35). On obtient ces points en ce que l'une des pointes de l'aiguille, frottée d'aimant, se dirige constamment vers

la partie septentrionale du globe. Nous ferons rema r-
quer que la pointe de l'aiguille ne se dirige pas directement vers le vrai Nord, mais elle fléchit à 22 degrés 4 minutes vers l'Ouest. C'est ce qu'on appelle
la déclinaison de l'aiguille. Cette déclinaison varie
d'une année à une autre, et d'un lieu à un autre.
Pour avoir le véritable Nord, il faut retrancher cette
déclinaison de l'angle que l'on forme avec la boussole, en dirigeant les pinnules sur un objet quelconque. Le point Nord étant déterminé, le Sud s'obtient
en traçant une ligne droite du point Nord au pied
de la boussole ; on élève une perpendiculaire sur
cette ligne qui la coupe de manière à ce que ces
deux lignes marquent les quatre points demandés.
Mais quand il s'agit de marquer ces points sur des
plans qui ne sont pas d'une grande étendue et surtout sur ceux qu'un fermier peut avoir à lever il n'est
besoin que d'indiquer les points, comme dans la fig.
51. Dans cette figure, le côté EF est au Nord et le
côté AB au Sud. Alors le point C sera à l'Est et le
point G à l'Ouest.

Mais si l'on veut tracer le méridien d'une manière exacte, on prend un bâton long d'un demi-
mètre ; on joint à l'extrémité supérieure de ce bâton
une petite plaque de fer ou de bois, percée d'un petit trou ; puis on plante sur un terrain bien horizontal le bâton qu'on incline un peu vers le Nord ; on
fait passer le fil à plomb par le petit trou de la
plaque, et le point du terrain, auquel le fil à plomb
correspond, marque le pied d'une perpendiculaire
abaissée du trou de la plaque. A ce point, on plante

3

un petit piquet. Lorsque le soleil donne, on voit alors dans l'ombre de la plaque un point brillant qui est projeté par le trou de cette plaque. On plante encore un petit piquet à ce point ; puis on prend un rayon égal à la distance de ce piquet à celui planté au point déterminé par le fil à plomb. De ce dernier point, pris pour centre, vous décrivez un arc de cercle avec le rayon que vous avez obtenu. Il faut remarquer, après midi, le moment où le point brillant tombe directement sur cet arc. C'est alors qu'il faut planter un petit piquet à ce point ; le milieu de l'arc, compris entre les deux piquets plantés sur cet arc et le piquet planté au pied de la perpendiculaire qui est le centre de cet arc, marquent les deux points où doit passer la méridienne. Ces deux points déterminés, on peut prolonger cette ligne à l'infini, puisque deux points suffisent pour déterminer une ligne droite.

Ce procédé, toutefois, ne peut être entièrement exact qu'aux mois de juin et de décembre. On peut l'employer, à la rigueur, en tout temps.

MESURE DES HAUTEURS.

69° Nous avons dit que la somme des trois angles d'un triangle valait toujours 180 degrés et que, lorsque la valeur de deux angles d'un triangle était connue, il était facile d'avoir la valeur du troisième en retranchant de 180 degrés la valeur des deux angles connus. Nous dirons aussi qu'un triangle isocèle peut être en même temps un triangle recrtangle. D'après cela, il est facile de trouver toute espèce de hauteur ainsi que la largeur d'une rivière, d'un étang, d'un cours d'eau.

Soit à mesurer la hauteur de la tour fig. 59. Chacun connaît la solution de ce problème par la mesure de l'ombre. Un bâton est planté verticalement à une certaine distance de la tour, en dehors de l'ombre qu'elle projette et sur un plan bien horizontal. On mesure l'ombre du bâton qu'on trouve être de 2 mètres 3 déc. La hauteur du bâton est de 2 mètres; on mesure aussi l'ombre de la tour qui est de 34 mètres 6 déc. ; ce qui donne lieu à la proportion suivante: l'ombre du bâton est à la hauteur du bâton, comme l'ombre de la tour est à la hauteur de cette tour. C'est-à-dire : $2^m 3^d : 2$ m. :: $34^m 6^d : x$. On obtient $x = 2^m \times 34^m 6^d / 2^m 3^d = 30^m 08$ c. plus $16 / 23$.

Cette opération ne donne pas un résultat exact, attendu que les ombres ne sont pas toujours assez nettement prononcées, surtout à leurs extrémités. Lorsqu'il ne s'agit pas de rigueur, cette méthode est bonne.

La hauteur de cette tour peut aussi s'obtenir en prenant deux bâtons dont l'un soit le double de l'autre en hauteur. Il faut qu'ils soient placés dans une position verticale, que la distance qui les sépare soit égale à la longueur du plus petit, et que ces bâtons soient placés dans l'alignement de l'élévation que l'on veut mesurer. Les bâtons dans cette position, vous jetez, de l'extrémité du plus petit, une visée qui passe par l'extrémité du plus grand, afin

d'apercevoir le sommet de la tour. Le premier coup-
d'œil indiquera si l'on s'est trop rapproché ou trop
éloigné de la tour. Si l'on n'est pas dans la position
voulue, la visée dirigée du point F au point G, ne
passera jamais au point A; mais lorsque ces trois
points sont rencontrés par la visée, c'est une preuve
que la position est bonne. On mesure la ligne BE,
elle doit être égale à la ligne BA qui est la hauteur
de la tour.

70° Pour mesurer la largeur d'un fleuve ou d'une
rivière, il faut avoir une équerre d'arpenteur, afin
qu'on puisse former un triangle qui soit à la fois
isoscèle et rectangle. Supposons que la fig. 60 soit
un fleuve dont on veuille connaître la largeur.

Placez l'équerre au point B; dirigez ensuite les pinnules du côté du point A. Assurez l'équerre dans cette
position; puis, après avoir regardé par les fenêtres de
l'équerre dirigées du côté C, tracez une ligne sur
cet alignement. Il faut ensuite chercher un point sur
cette ligne de manière à ce que vous aperceviez, au
travers des pinnules, les jalons plantés aux points
A et B. La ligne BC étant tracée indéfinie, vous faites
correspondre les fenêtres de l'équerre avec cette ligne; vous vous éloignez du point B, en suivant la
ligne BC jusqu'à ce que vous aperceviez, au travers
des pinnules dirigées au point A et qui forment avec
celles dirigées au point B, un angle de 45 degrés, le
jalon planté au point A. Au point D, il arrive que
vous apercevez les deux autres points, le point
A et le point B. Vous mesurez la distance du point D
au point B, cette distance doit être égale à la ligne
BA qui est la largeur du fleuve.

Il est évident que dans le triangle DBA, le côté AB est égal au côté BD, puisque l'angle B qui est un angle droit vaut 90 degrés. Or, l'angle D est de 45 degrés, l'angle A est donc aussi de 45 degrés, puisqu'en retranchant la valeur de l'angle B et celle de l'angle D de 180 degrés, il reste 45 degrés pour la valeur de l'angle A. Donc l'angle A est égal à l'angle D. Or, quand deux angles sont égaux dans un triangle, les côtés opposés le sont également.

DES SOLIDES.

71° On appelle *solide* tout ce qui réunit les trois dimensions : longueur, largeur et épaisseur (fig. 61).

On appelle *polyèdre* la réunion de plusieurs plans qui se coupent. Le plus simple des polyèdres est celui de 4 faces, nommé *tétraèdre* (fig. 61). Le pentaèdre a 5 faces ; l'hexaèdre 6 faces ; l'heptaèdre 7 faces ; l'octaèdre 8 faces ; l'ennéaèdre 9 faces ; le décaèdre 10 faces ; l'endécaèdre 11 faces ; le dodécaèdre 12 faces ; le pentédécaèdre 15 faces : etc.

DES PRISMES.

72° On appelle *prisme* un solide dont les bases sont égales et dont toutes les autres faces sont des parallélogrammes ou des rectangles (fig. 61). Le prisme dont les faces latérales sont des rectangles, s'appelle aussi prisme rectangle; et lorsque ce prisme a pour base un carré et que les autres faces sont des carrés égaux à celui des bases, ce prisme prend le nom de *cube*. Le cube est donc un solide compris sous six carrés égaux (fig. 62). C'est avec ce solide qu'on évalue les corps et le cubage des vases.

Le volume du cube est égal à l'un de ses côtés, multiplié deux fois par lui-même. Supposons que les carrés de la fig. 62 aient chacun 4 mètres de longueur, on aurait : $4 \times 4 \times 4 = 64$ mètres cubes.

On appelle *parallélipipède* un prisme dont les bases sont égales et parallèles et dont toutes les autres faces sont des parallélogrammes (fig. 63).

La surface latérale d'un prisme quelconque (non compris les deux bases) est égale au produit de l'un de ses côtés multiplié par le contour d'une section faite perpendiculaire à ce côté. Les côtés de la base du prisme droit ou rectangle ne diffèrent en rien de cette section, puisqu'ils sont perpendiculaires sur les côtés latéraux.

Le volume d'un prisme quelconque est égal à la surface de l'une de ses bases, multipliée par sa hauteur, c'est-à-dire par la perpendiculaire élevée de l'une de ses bases sur l'autre. On peut considérer comme base d'un parallélipipède, une section perpendiculaire sur ses côtés.

DES CYLINDRES.

73° On appelle *cylindre* un solide dont les deux bases sont des cercles égaux et parallèles, dont le corps est d'égale grosseur partout, et dans lequel la ligne EF appelée axe, qui unit les centres des deux bases, leur est perpendiculaire à chacune (fig. 65. Un cylindre n'est qu'un prisme d'un nombre infini de côtés, puisque ses bases sont des cercles et que le cercle est considéré comme un polygone d'un nombre infini de côtés.

La surface latérale d'un cylindre est égale à la circonférence de sa base multipliée par l'axe de ce cylindre.

Le volume d'un cylindre quelconque est égal à la surface de sa base multipliée par l'axe de ce cylindre.

On appelle *cylindre tronqué* ce qui reste d'un cylindre, coupé par un plan non parallèle aux bases (fig. 65).

La surface et le volume du cylindre tronqué se trouvent de la même manière que pour les autres cylindres.

DES PYRAMIDES.

74° On appelle *pyramide* un solide dont la base est un polygone quelconque, et les autres faces, des triangles dont les sommets vont tous aboutir au sommet de la pyramide (fig. 66).

Une pyramide est régulière, ou droite, lorsque sa base est un polygone régulier et que l'axe, partant du sommet de la pyramide, tombe au centre du polygone qui lui sert de base (fig. 67).

Le volume d'une pyramide quelconque est égal à la surface de sa base, multipliée par le tiers de sa hauteur. La hauteur d'une pyramide est son axe ou autrement une perpendiculaire abaissée du sommet sur la base ou sur son prolongement, comme la ligne GH (fig. 66).

On appelle pyramide *tronquée* ce qui reste d'une pyramide coupée par un plan parallèle à sa base (fig. 68).

Le volume de la pyramide tronquée est égal à la somme de ses **2** bases augmentée d'une moyenne proportionnelle entre ees deux mêmes bases, multipliée par le tiers de la hauteur de cette pyramide tronquée.

On obtient la surface de la base moyenne de la fig. 68, en multipliant entr'elles les surfaces de la base inférieure et de la base supérieure du tronc, et en extrayant la racine carrée de ce produit.

DES CÔNES.

75° On appelle cône un solide rond, qu'on peut considérer comme une pyramide dont la base est un cercle, et dans laquelle la perpendiculaire abaissée du sommet sur la base, passe par le centre de cette base. Un pain de sucre donne la forme exacte d'un cône.

Le volume d'un cône est égal à la surface de sa base multipliée par le tiers de sa hauteur.

On appelle cône *tronqué* ce qui reste d'un cône coupé par un plan parallèle à sa base (fig. 70).

Le volume d'un cône tronqué est égal à la somme de ses deux bases augmentée d'une moyenne proportionnelle entre ces mêmes bases, et multipliée par le tiers de sa hauteur. On a le cercle moyen par la méthode indiquée pour la pyramide tronquée.

DE LA SPHÈRE.

On appelle *sphère* ou *globe* un solide terminé par une surface arrondie dont tous les points sont également éloignés du centre (fig. 71).

On appelle grands cercles d'une sphère ceux qui passent par son centre, lequel est aussi le leur.

La surface d'une sphère est égal à la circonférence d'un grand cercle multipliée par le diamètre. Ainsi cette surface est quatre fois celle d'un grand cercle ; car (37°) celle-ci est le produit de la circonférence par le quart du diamètre au lieu du diamètre entier.

Le volume de la sphère est égal à sa surface multipliée par le tiers de son rayon.

Fin.

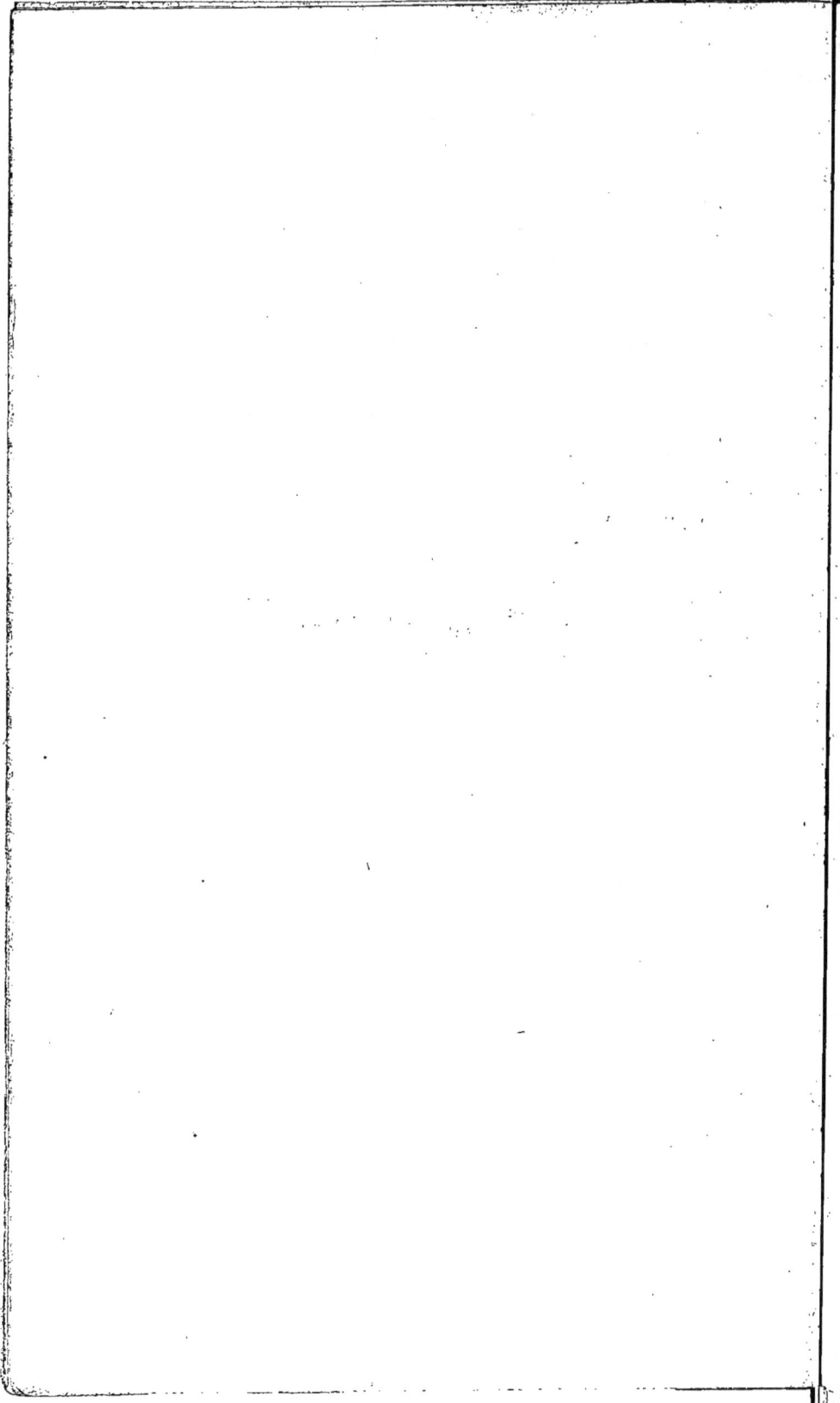

EXERCICES

APPLIQUÉS EN GÉNÉRAL.

———

I. Avant de passer aux exercices, nous allons rappeler la manière de résoudre les opérations des nombres décimaux; car, bien qu'on les ait appris dans les classes d'arithmétique, il serait impossible de résoudre les opérations des nombres décimaux si l'on ne connaissait pas bien le calcul décimal; nous avons donc cru très-utile de rappeler ces principes à nos lecteurs.

Addition. — II. L'addition des nombres décimaux se fait comme celle des nombres entiers; seulement il faut séparer à la droite de la somme autant de décimales qu'il y en a dans celui des nombres qui en contient le plus: Supposons qu'on ait les nombres suivants à additionner : 8,24; 3,362; 12,15 : pour faire l'addition de ces nombres, on place les dixièmes sous les dixièmes, les centièmes sous les centièmes, les millièmes sous les millièmes, etc.; l'addition faite on a pour total 23,752; on sépare trois décimales, parce que le nombre 3,362 qui en contient le plus en contient trois:

$$
\begin{array}{r}
8,24 \\
3,362 \\
12,15 \\
\hline
\text{TOTAL.} \quad 23.752
\end{array}
$$

Soustraction — III. La soustraction des nombres décimaux se fait comme celle des nombres entiers ; mais, comme dans l'addition, on sépare autant de décimales à la droite du reste qu'il y en a dans celui des nombres qui en contient le plus. Mais lorsque l'un des nombres en contient plus que l'autre, il faut ajouter autant de zéros à la droite de celui qui en contient le moins qu'il y en a de plus dans l'autre : Supposons qu'on veuille retrancher 6,345 de 9,27 ; on remarque que le nombre 9,27 contient une décimale de moins que le nombre 6,345, il faut donc mettre un zéro à la droite de 9,27 ; puis on fait la soustraction comme si c'étaient des nombres entiers ; mais il faut avoir soin de séparer trois décimales.

$$9,270$$
$$6,345$$
$$\overline{2,925}$$
$$9,270$$

Multiplication. IV. La multiplication des nombres décimaux se fait également comme celle des nombres entiers ; seulement il faut séparer à la droite du produit autant de décimales qu'il y en a dans les deux facteurs : Supposons qu'on ait 26,37 à multiplier par 4,3 ; on fait la multiplication, puis on sépare trois décimales au produit ; le multiplicande en contient deux et le multiplicateur une ; le produit est 113,391 millièmes.

$$26,37$$
$$4,3$$
$$\overline{79,11}$$
$$105,48$$
$$113,391$$

Division. V. La division des nombres décimaux peut se présenter de trois manières différentes ; 1° les deux facteurs contiennent autant de décimales l'un

que l'autre ; 2° le diviseur en contient plus que le
dividende ; 3° le dividende en contient plus que le
diviseur. 1° Si les deux facteurs contiennent le même
nombre de décimales, la division ne diffère en rien
de celle des nombres entiers ; 2° si le diviseur en
contient plus que le dividende, il faut ajouter autant
de zéros au dividende qu'il y a de décimales de plus
au diviseur; puis on opère comme pour les nombres
entiers ; 3° si le dividende en contient plus que le
diviseur, il faut faire la division comme si c'étaient
des nombres entiers; mais il faut avoir soin de séparer sur la droite du quotient autant de décimales
qu'il y en a de plus au dividende qu'au diviseur. Supposons qu'on veuille diviser 11,7501 par 5, 5; on
efface la virgule du diviseur, puis on   117,501|55
met celle du dividende après le 7;   145 |2,217
on fait cette opération et on trouve   090 quot.
au quotient 2,217; on sépare trois   371
décimales, puisque le dividende en   00
contient trois de plus que le diviseur.

*Réduction des fractions ordinaires en fractions
décimales.* **VI.** Pour réduire une fraction ordinaire
en fraction décimale, il faut diviser le numérateur
de la fraction par le dénominateur ; mais comme la
division ne peut pas se faire, puisque le numérateur
est plus petit que le dénominateur, on ajoute autant de zéros sur la droite du numérateur qu'on
veut avoir de chiffres décimaux aux quotient. Supposons qu'on veuille réduire la fraction ordinaire
4/16 en fraction décimale. Pour cela on divise 4 par

16 ; pour faire cette division, on met deux zéros à la droite du 4, ce qui donne 400 divisé par 16 = 0,25.

On sépare autant de décimales qu'on a ajouté de zéros à la droite du numérateur, et pour la fraction 4/16 on trouve 0,25 centièmes.

Carrer et extraire la racine d'un nombre. VII. On appelle *carré* d'un nombre le produit de ce nombre multiplié par lui-même. Ainsi le carré de 6 est égal à $6 \times 6 = 36$.

On appelle *racine carrée* d'un nombre un autre nombre qui, multiplié par lui-même, reproduit le premier. Ainsi la racine carrée de 36 est 6; car 6 multiplié par lui-même $= 36$.

Pour avoir le carré d'un nombre, il faut multiplier ce nombre par lui-même. Le carré de 15 est égal à $15 \times 15 = 225$.

Pour extraire la racine carrée d'un nombre, il faut connaître les carrés des neuf premiers nombres; (voir le tableau des racines) ensuite partager le nombre proposé en tranches de deux chiffres en partant de la droite, de manière que la dernière tranche peut n'avoir qu'un chiffre si le nombre de chiffres n'est pas pair ; le nombre de tranches est égal au nombre des chiffres de la racine, puisque chaque tranche donne un chiffre à la racine.

Pour avoir la racine carrée de 225, on partage ce nombre en deux tranches en partant de la droite; et, en partant de la gauche, on extrait la racine de la première tranche ; le plus grand carré contenu en 2 est un, sa racine est **1** qui est le premier chiffre

$$\begin{array}{c|l} 2,25 & 15 \\ \hline 1 & \overline{26} \times 6 = 156 \\ \hline 12,5 & \\ 00 & \end{array}$$

de la racine ; on retranche ce carré de la première tranche ; 1 ôté de 2, il reste 1 ; on abaisse la tranche suivante : on sépare un chiffre sur la droite, puis on divise la partie à gauche par le double du premier chiffre de la racine ; le quotient sera le 2ᵉ chiffre de la racine ; pour s'en assurer, on le pose à droite du double du 1ᵉʳ chiffre ; on multiplie le nombre 26 ainsi trouvé par ce 2ᵐᵉ chiffre 6 : ce qui donne 156, nombre trop fort, puisqu'il excède 125 ; on ne pose donc que 5, et en répétant avec ce chiffre l'opération que nous venons de faire avec 6, on a 125 qui, ôté du reste 125, donne 0, ce qui prouve que l'opération est bonne ; la racine est donc 15.

Si un nombre a plus de deux tranches, on continue ainsi jusqu'à ce qu'on ait abaissé toutes les tranches.

Nous prendrons le nombre 24924684 pour en donner un exemple :

Nous partageons d'abord ce nombre en tranches de deux chiffres, ce qui nous donne 4 tranches ; or, d'après ce que nous avons dit plus haut, la racine doit contenir aussi 4 chiffres.

$$24,92,46,84 \quad | \quad 4992 \text{ racine}$$

$$16 \qquad\qquad 89 \times 9 = 801$$

$$89,2 \qquad\qquad 989 \times 9 = 8901$$
$$801 \qquad\qquad 9982 \times 2 = 19964$$

$$914,6$$
$$8901$$

$$2458,4$$
$$19964$$

$$4620$$

La preuve de ces opérations se fait en élevant leurs racines au carré; si l'opération est bien faite on doit retrouver le nombre proposé ; après avoir ajouté le reste s'il y en a un.

Nous ferons observer que ces opérations ne se font sans reste que lorsque le nombre proposé est un carré parfait, comme 225.

Mais lorsque le nombre proposé n'est pas un carré parfait, il y a toujours un reste, comme 2492 4684 ; la racine est 4992 et le reste est 4620. Si l'on veut avoir des décimales on ajoute deux fois plus de zéros, sur la droite de ce reste, qu'on veut avoir de chiffres décimaux à la racine; puis on opère comme pour les nombres entiers, en ayant soin de séparer sur la droite de la racine deux fois moins de chiffres décimaux qu'on a ajouté de zéros au reste.

Manière de trouver un côté d'un triangle rectangle lorsqu'on connait les deux autres côtés.

VIII. Pour avoir le plus grand côté d'un triangle

rectangle, il faut carrer chacun des deux autres côtés, ajouter ces carrés ensemble, puis extraire la
racine de ce produit; et cette racine est la longueur
du côté cherché.

Pour avoir l'un des petits côtés de ce triangle rectangle, il faut faire les carrés des deux côtés connus,
puis retrancher le carré du plus petit de celui du
plus grand; le reste sera le carré du côté cherché; si
l'on extrait la racine de ce carré, ce sera la longueur du côté cherché.

La surface d'un triangle rectangle est égale au
produit de ses deux petits côtés divisé par deux. Un
triangle rectangle est toujours moitié d'un rectangle
qui aurait même base et même hauteur que lui. Un
triangle quelconque est toujours moitié d'un parallélogramme qui aurait même base et même hauteur
que lui.

*Trouver la surface d'un triangle par la connais-
sance des trois côtés.*

Pour avoir cette surface, il faut ajouter ensemble
la valeur numérique des trois côtés, ensuite prendre
moitié de cette somme, et retrancher de cette demi-
somme la valeur numérique de chaque côté; ce qui
donne trois restes qu'on multiplie entre eux; puis
on multiplie de nouveau ce produit par la demi-
somme des trois côtés; on extrait la racine carrée
de ce produit, et cette racine est la surface du triangle.

IX. La surface du cercle est égale au carré du

rayon multiplié par le rapport du diamètre à la circonférence. Voici les rapports dont on fait ordinairement usage : 1° $\frac{314}{100} = 3,14$; 2° $\frac{72}{2} = 3\frac{1}{7}$ 3° $\frac{355}{113} = 3$, $\frac{16}{113}$.

Le volume de la sphère est égal au cube de son rayon multiplié par les $\frac{4}{3}$ du rapport, de la circonférence au diamètre, ce qui donne le cube du rayon multiplié par $\frac{4 \times 314}{3 \times 100}$ ou par $\frac{4 \times 22}{3 \times 7}$, mais le rapport le plus exact est $\frac{4 \times 355}{3 \times 113} = \frac{1420}{339}$.

X. Quand on connaît un facteur dans un produit, il est facile d'avoir l'autre ; pour cela, il suffit de diviser ce produit par le facteur connu, et le quotient de cette division donne le facteur cherché. Ce procédé est d'une grande exactitude pour déterminer la largeur d'une surface donnée sur une longueur donnée, et déterminer la longueur si c'est la largeur qui est donnée.

Supposons qu'on veuille prendre une surface de 18 ares sur une longueur de 600 mètres, il faut diviser 18 ares ou 1800 mètres carrés par 600 mètres de longueur ; on trouve au quotient 300 mètres qui sont la largeur cherchée ; mais si l'on veut cette largeur plus grande sur un bout que sur l'autre, on doit regarder cette largeur comme largeur moyenne et retrancher de l'une de celles des bouts ce qu'on ajoute à l'autre ; de manière que la demi-somme des deux largeurs des bouts, soit égale à la largeur moyenne.

XI. *Rapport du mètre avec l'ancien pied de roi*.
Le mètre vaut 3 pieds 11 lignes 296 millièmes de
ligne. Le pied vaut 325 millimètres. Le pouce vaut
27 millimètres.

Lorsqu'on connait le rapport de ces mesures, il est
facile de trouver la longueur, en mètres et en parties du mètre, de toutes espèces de perches. Exemple,
pour avoir la longueur, en mètres, d'une perche de
9 pieds 6 pouces, il faut multiplier 325 millimètres
(longueur de l'ancien pied de roi) par 9, ce qui donne
la longueur des 9 pieds; on multiplie aussi 27 millimètres (longueur du pouce) par 6, ce qui donne la
longueur des 6 pouces, qu'on ajoute à la longueur
des 9 pieds; ce qui donne la longueur de la perche
de 9 pieds 6 pouces égale à 3 mètres 087 millimètres.

XII. Pour avoir la surface d'une perche quelconque en mètres et en parties du mètre carré, il faut
multiplier la longueur, en mètres et en parties du
mètre, par elle-même : ainsi la surface de la perche
de 9 pieds 6 pouces est égale à $3,087 \times 3,087 = 9$
mètres carrés, 52 décimètres carrés, 95 centimètres
carrés, 69 millimètres carrés.

Quand on connait la surface d'une perche en mètres carrés, il est facile d'avoir la surface d'un jour-
nal et d'une coupée quelconque en mètres carrés ;
il suffit de multiplier la surface de la perche par le
nombre de perches contenues dans cette coupée.

TABLEAU

Des Racines, des Carrés et des Cubes.

RACINE.	CARRÉ.	CUBE.	RACINE.	CARRÉ.	CUBE.
1	1	1	31	961	29791
2	4	8	32	1024	32768
3	9	27	33	1089	35937
4	16	64	34	1156	39304
5	25	125	35	1225	42875
6	36	216	36	1296	46656
7	49	343	37	1369	50653
8	64	512	38	1444	54872
9	81	729	39	1521	59319
10	100	1000	40	1600	64000
11	121	1331	41	1681	68921
12	144	1728	42	1764	74088
13	169	2197	43	1849	79507
14	196	2744	44	1936	85184
15	225	3375	45	2025	91125
16	256	4096	46	2116	97336
17	289	4913	47	2209	103823
18	324	5832	48	2304	110592
19	361	6859	49	2401	117649
20	400	8000	50	2500	125000
21	441	9261	51	2601	132651
22	484	10648	52	2704	140608
23	529	12167	53	2809	148877
24	576	13824	54	2916	157464
25	625	15625	55	3025	166375
26	676	17576	56	3136	175616
27	729	19683	57	3249	185193
28	784	21952	58	3364	195112
29	841	24389	59	3481	205379
30	900	27000	60	3600	216000

SUITE DU TABLEAU

Des Racines, des Carrés et des Cubes.

RACINE.	CARRÉ.	CUBE.	RACINE.	CARRÉ.	CUBE.
61	3721	226981	81	6561	532441
62	3844	238328	82	6724	551368
63	3969	250047	83	6889	571787
64	4096	262144	84	7056	592704
65	4225	274625	85	7225	614125
66	4356	287496	86	7396	636056
67	4489	300763	87	7569	658503
68	4624	314432	88	7744	681472
69	4761	328509	89	7921	704969
70	4900	343000	90	8100	729000
71	5041	357911	91	8281	753571
72	5184	373248	92	8464	778688
73	5329	389017	93	8649	804357
74	5476	405224	94	8836	830584
75	5625	421875	95	9025	857375
76	5776	438976	96	9216	884736
77	5929	456533	97	9409	912673
78	6084	474552	98	9604	941192
79	6241	493039	99	9801	970299
80	6400	512000	100	10000	1000000

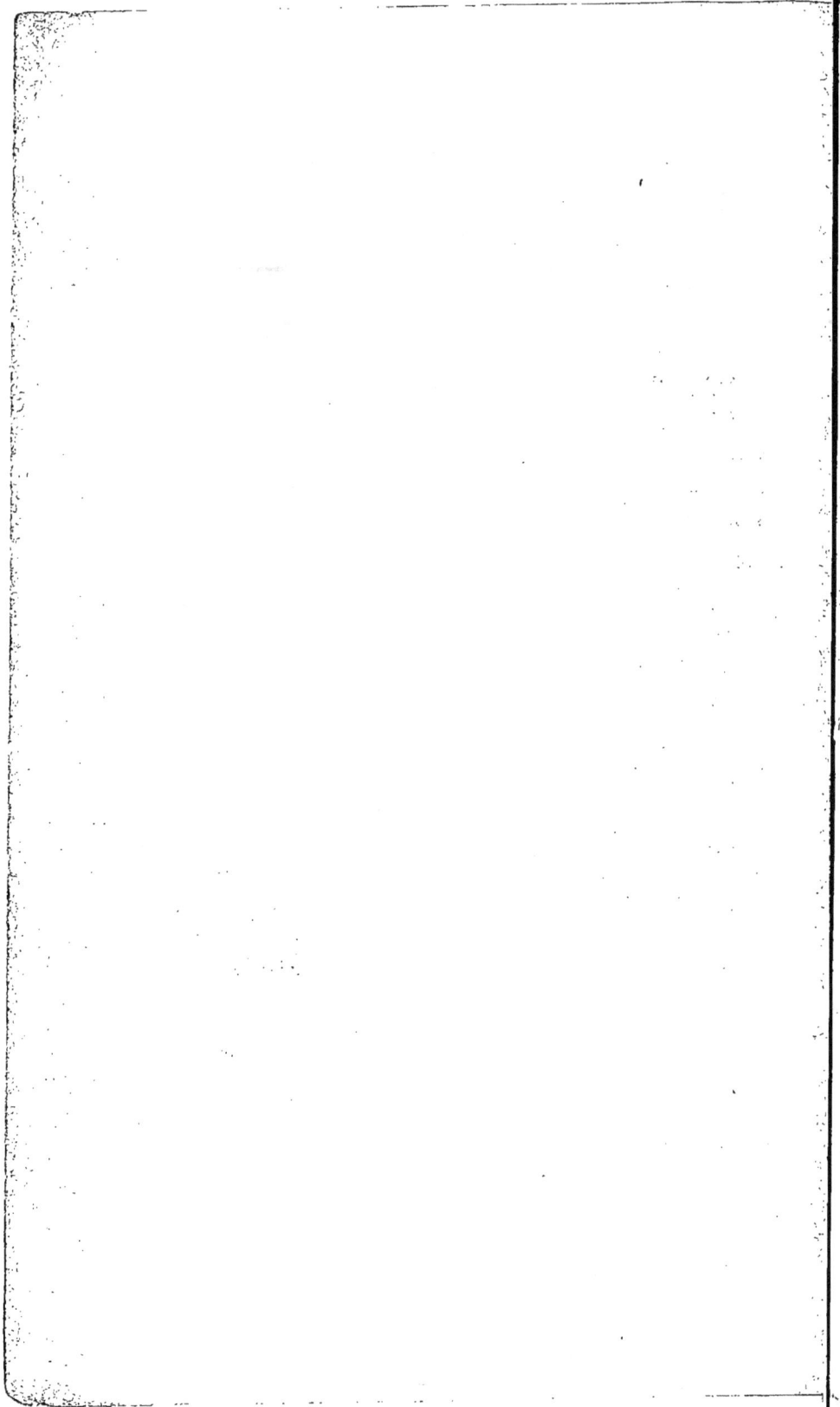

TABLE DES MATIÈRES.

FIN DE LA TABLE.

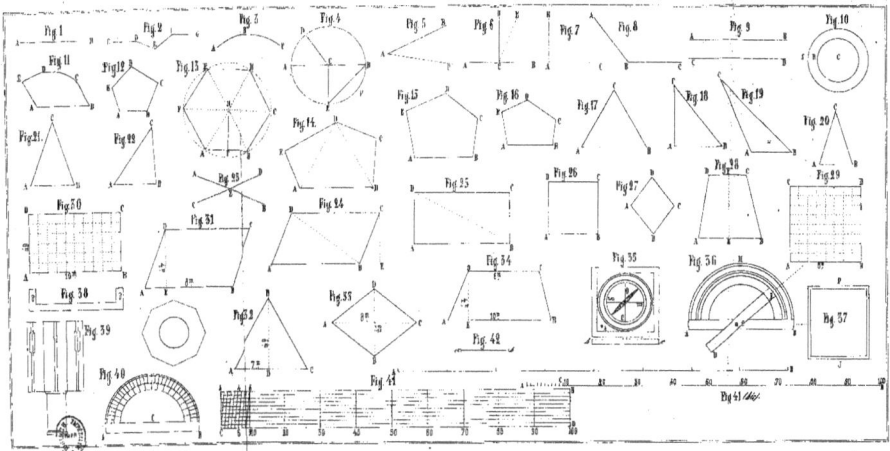

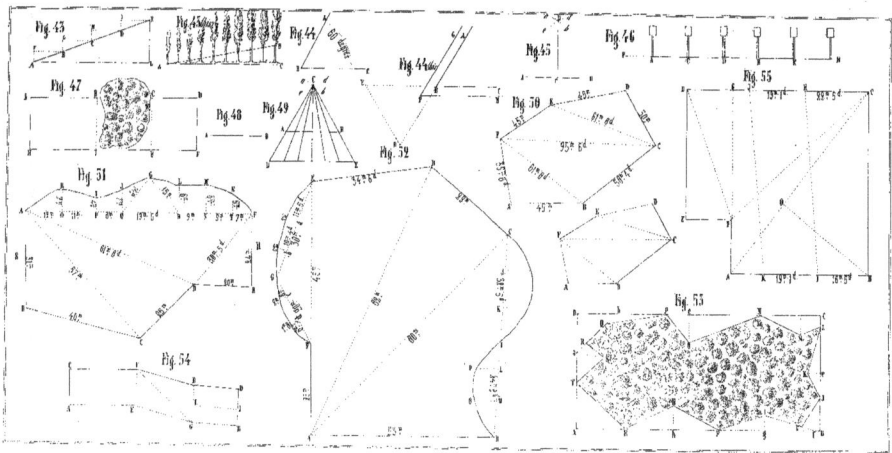

Fig. 43   Fig. 45   Fig. 44   Fig. 44   Fig. 45   Fig. 46   Fig. 55

Fig. 47   Fig. 48   Fig. 49   Fig. 50

Fig. 51   Fig. 52   Fig. 53

Fig. 54

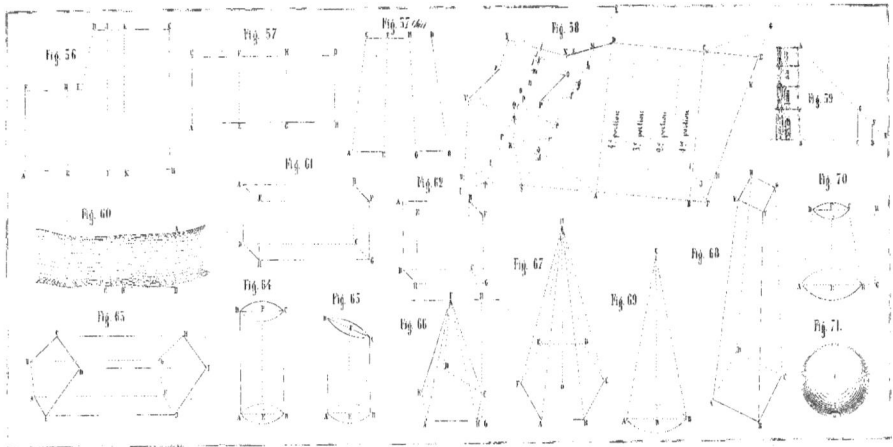

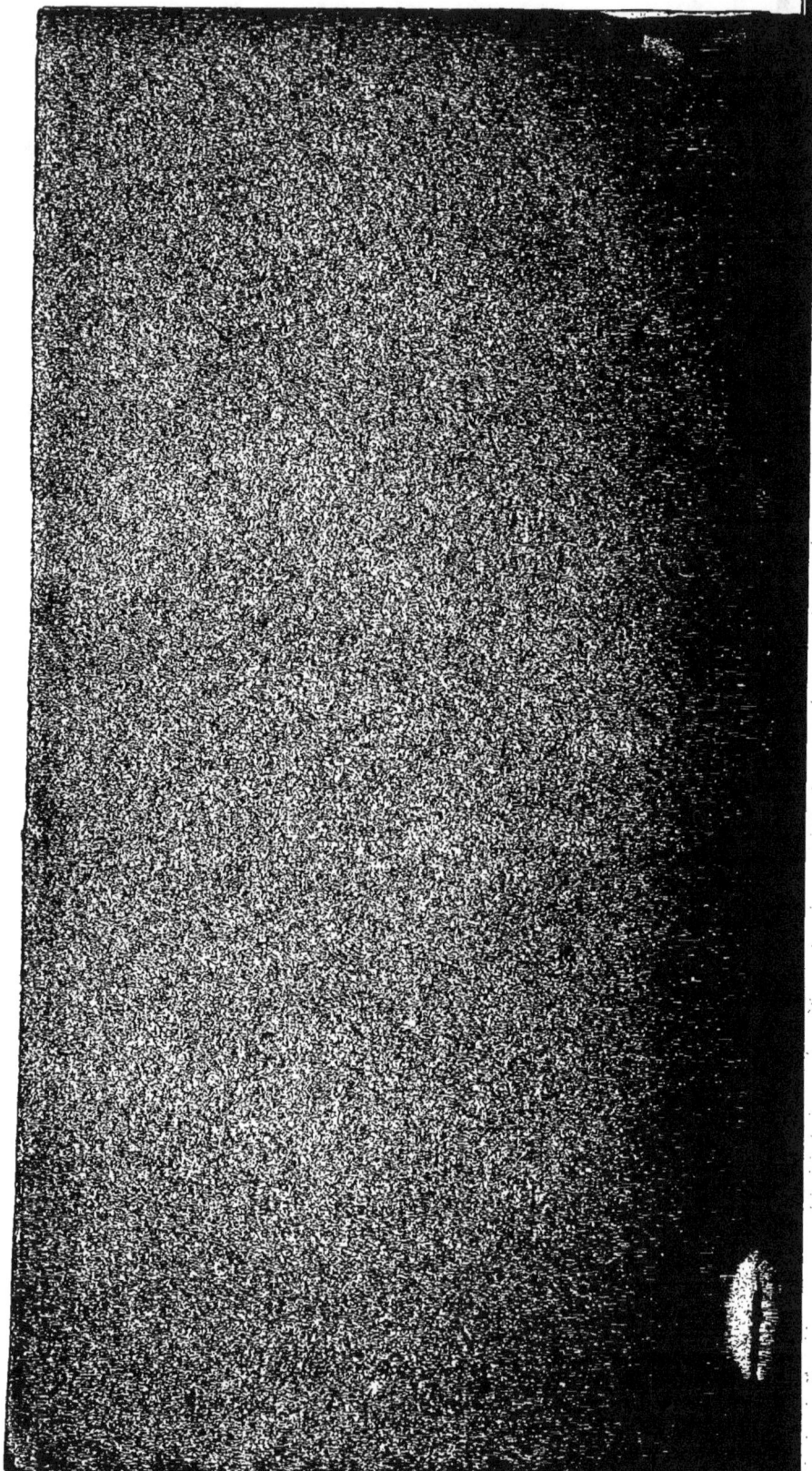

www.ingramcontent.com/pod-product-compliance
Lightning Source LLC
Chambersburg PA
CBHW050612210326
41521CB00008B/1223